JOHNSON DIE MÄUSE-STRATEGIE FÜR MANAGER

Who Moved My Cheese?

SPENCER JOHNSON
DIE MÄUSE-STRATEGIE FÜR MANAGER

Veränderungen erfolgreich begegnen

Mit einem Vorwort von
Kenneth Blanchard

Aus dem Amerikanischen
von Gaby Turner

Die amerikanische Originalausgabe erschien 1998 unter dem Titel
Who moved my Cheese. An Amazing Way to Deal with Change in your Work and in your Life
bei G.P. Putnams's Sons, a division of Pinguin Putnam Inc.,
New York/USA.

Verlagsgruppe Random House FSC® N001967
Das für dieses Buch verwendete FSC®-zertifizierte Papier
EOS liefert Salzer Papier, St. Pölten, Austria.

Bibliografische Information der Deutschen Bibliothek

Die Deutsche Bibliothek verzeichnet diese Publikation
in der Deutschen Nationalbibliografie; detaillierte bibliografische
Daten sind im Internet unter http://dnb.ddb.de abrufbar.

© by Spencer Johnson, M.D. 1998
© der Sonderausgabe 2015 und
© der deutschsprachigen Ausgabe 2000/2015 Ariston Verlag in der
Verlagsgruppe Random House GmbH
Alle Rechte vorbehalten

Umschlaggestaltung: Eisele Grafik Design, München
Satz: EDV-Fotosatz Huber/Verlagsservice G. Pfeifer, Germering
Druck und Bindung: GGP Media GmbH, Pößneck
Printed in Germany 2015

ISBN 978-3-424-20143-7

Dieses Buch ist meinem
Freund Dr. Kenneth Blanchard gewidmet,
dessen Begeisterung
für die *Mäuse-Strategie* mich ermutigte,
diese Geschichte zu schreiben.

*Die wohl bedachten Pläne
von Mäusen und Menschen
führen allzu oft zu nichts.*

*Robert Burns
1759 – 1796*

Inhalt

Die Geschichte hinter der Geschichte
von Kenneth Blanchard 9

I Eine Zusammenkunft: Chicago 15

II Die Mäuse-Strategie: Die Geschichte 21

III Eine Diskussion: Später am selben Tag ... 73

Zum Autor 93

Stimmen zum Buch. 95

Die Geschichte hinter der Geschichte

Von Kenneth Blanchard

Es freut mich außerordentlich, Ihnen die »Geschichte hinter der Geschichte« erzählen zu dürfen, nun da das Buch geschrieben wurde und jeder von uns es lesen, genießen und mit anderen teilen kann.

Darauf habe ich seit dem Tag gewartet, als Spencer Johnson mir zum ersten Mal seine geistreiche »Mäuse«-Geschichte erzählte – vor Jahren, bevor wir zusammen unser Buch *The One Minute Manager (Der Minuten-Manager)* schrieben.

Ich weiß noch genau, wie ich damals dachte, wie gut die Geschichte doch sei und wie sehr sie mir von nun an helfen würde.

Die Mäuse-Strategie erzählt von der Veränderung, die sich in einem Labyrinth ereignet, in dem vier kleine Wesen nach Käse suchen. Dabei steht der Käse als Metapher für alles, was wir uns im Leben wünschen – sei es Arbeit, eine Beziehung, Geld, ein großes Haus, Freiheit, Gesundheit, Anerkennung, innerer Friede oder auch nur irgendeine Betätigung wie Jogging oder Golf.

Jeder von uns hat seine eigene Vorstellung davon, was »Käse« ist, und wir jagen diesem

Käse nach, weil wir glauben, dass er uns glücklich machen wird. Haben wir ihn erst einmal in Besitz genommen, gewöhnen wir uns oft an ihn. Und wenn wir ihn verlieren oder jemand ihn uns wegnimmt, kann das eine traumatische Erfahrung sein.

Das »Labyrinth« in der Geschichte steht für den Ort, an dem man das sucht, was man haben möchte. Das kann das Unternehmen sein, in dem man arbeitet, die Gemeinde, in der man lebt, oder es können die Beziehungen sein, die man in seinem Leben hat.

Ich erzähle die Geschichte vom Käse, die Sie jetzt lesen werden, bei meinen Vorträgen auf der ganzen Welt und oft berichten mir Zuhörer später, was sich für sie dadurch alles verändert hat.

Ob Sie es glauben oder nicht – dieser kleinen Geschichte wurde schon oft bescheinigt, berufliche Karrieren, Ehen und Leben gerettet zu haben!

Eines der vielen Beispiele aus dem wirklichen Leben stammt von Charlie Jones, einem angesehenen Moderator beim Fernsehsender NBC. Er verriet, wie ihm *Die Mäuse-Strategie* bei seiner Karriere geholfen hat.

Folgendes war geschehen: Charlie hatte hart gearbeitet und sich bei den Olympischen Spielen als Leichtathletik-Kommentator ausgesprochen hervorgetan. Daher war er überrascht und bestürzt, als sein Chef ihm erklärte, dass er bei der nächsten Olympiade nicht mehr für die beliebten Disziplinen der Leichtathletik, sondern fürs Schwimmen und Turmspringen zuständig sein sollte.

Da er sich mit diesen Sportarten nicht so gut auskannte, enttäuschte ihn die Entscheidung des Chefs besonders. Er ärgerte sich darüber, dass man seine Leistungen nicht gebührend würdigte, und empfand seine »Versetzung« als unfair. Er sagte, dass er das einfach nicht fair fände! Sein Ärger begann sich auf alles auszuwirken, was er tat.

Dann hörte er von der »Mäuse-Strategie«.

Danach, so berichtete er, lachte er über sich selbst und änderte seine Einstellung. Ihm wurde klar: Sein Chef hatte ihm einfach »seinen Käse weggenommen«. Also passte er sich an, lernte alles über die beiden neuen Sportarten – und merkte bald, wie jung er sich dabei fühlte, etwas Neues zu lernen.

Es dauerte nicht lange, bis seinem Chef seine neue Einstellung und Energie auffielen, und bald wurden ihm verantwortungsvollere und interessantere Aufgaben zugewiesen. Er hatte mehr Erfolg denn je, und später wurde er in die Kommentatorenriege der »Pro Football Hall of Fame« aufgenommen.

Dies ist nur einer von vielen Berichten über die Wirkungen, die diese Geschichte auf Menschen ausgeübt hat. Vom Berufsleben bis hin zu Liebesbeziehungen – in unterschiedlichsten Bereichen hat sie positiven Einfluss gehabt.

Ich glaube so sehr an die Kraft der *Mäuse-Strategie*, dass ich kürzlich sämtlichen Angestellten unserer Firma (über 200 Menschen) einen Vorabdruck des Buchs gegeben habe. Weshalb?

Weil sich Blanchard Training & Development ständig verändert, wie jede Firma, die künftig nicht nur überleben, sondern wettbewerbsfähig bleiben will. Dauernd nimmt man uns unseren »Käse« weg. Während wir uns früher vielleicht loyale Angestellte wünschten, brauchen wir heute flexible Mitarbeiter, die nicht zäh daran festhalten, »wie es bei uns schon immer gewesen ist«.

Doch wie Sie wissen, kann es sehr anstrengend sein, ständig in rauen Gewässern zu leben und sich beruflich und privat dauernd auf Änderungen einstellen zu müssen – es sei denn, man betrachtet die Veränderungen auf eine Weise, die dabei hilft, sie zu verstehen. Hier kommt die Geschichte von den Mäusen und ihrem Käse ins Spiel.

Als ich unseren Mitarbeitern von der Geschichte erzählte und sie *Die Mäuse-Strategie* dann zu lesen begannen, konnte man geradezu spüren, wie sie allmählich die negativen Energien abbauten. Mitarbeiter aus allen Abteilungen erzählten mir, wie sehr ihnen die Geschichte bereits dabei geholfen habe, die Veränderungen in unserer Firma in einem anderen Licht zu sehen. Glauben Sie mir, diese kurze Parabel ist schnell gelesen, aber ihre Wirkung kann immens sein.

Das Buch ist in drei Abschnitte unterteilt. Im ersten, *Eine Zusammenkunft*, unterhalten sich ehemalige Schulfreunde bei einem Klassentreffen darüber, wie sie versuchen, mit den Veränderungen in ihrem Leben zurechtzukommen. Der zweite Abschnitt ist *Die Mäuse-Strategie: Die Geschichte*, das Kernstück des Buches. Im dritten Abschnitt, *Eine Diskussion*, debattieren Menschen darüber, was ihnen *Die Geschichte* bedeutet hat und wie sie sie in ihrem beruflichen und privaten Leben nutzen wollen.

Manche Leser des Vorabmanuskripts zu diesem Buch haben am Ende von *Die Geschichte* aufgehört und nicht weitergelesen, weil sie ihre Bedeutung lieber für sich allein interpretieren wollten. Andere lasen den anschließenden Abschnitt *Eine Diskussion* mit Vergnügen, weil er ihnen zusätzliche Anregungen dafür bot, das Gelernte auf ihre persönliche Situation anzuwenden.

Auf jeden Fall hoffe ich, dass Sie, genau wie ich, jedes Mal Neues und Nützliches aus der *Mäuse-Strategie* ziehen werden, wenn Sie die Geschichte ein weiteres Mal lesen. Ich wünsche Ihnen, dass sie Ihnen beim Umgang mit Veränderungen helfen wird und der Erfolg nicht lange auf sich warten lässt, was auch immer Sie für sich persönlich als Erfolg betrachten.

Ich hoffe, dass Sie an dem, was Sie entdecken, Gefallen finden, und ich wünsche Ihnen alles Gute. Denken Sie daran: Folgen Sie dem Käse!

Ken Blanchard, San Diego 1998

I

Eine Zusammenkunft: Chicago

An einem sonnigen Sonntag trafen sich in Chicago mehrere ehemalige Klassenkameraden zum Mittagessen, nachdem sie am Abend zuvor zu ihrem Highschool-Treffen zusammengekommen waren. Sie wollten noch genauer wissen, was sich im Leben der anderen so tat. Nachdem sie eine Menge herumgealbert und sich ein gutes Essen hatten schmecken lassen, entwickelte sich eine interessante Unterhaltung.

Angela, die eine der beliebtesten Schülerinnen der Klasse gewesen war, sagte: »Das Leben ist schon ganz anders verlaufen, als ich es mir damals in der Schule vorgestellt hatte. Es hat sich viel verändert.«

»Und ob«, stimmte Nathan zu. Die anderen wussten, dass er in den Familienbetrieb eingestiegen war, in dem eigentlich immer auf die gleiche Weise gearbeitet wurde und der zur Gemeinde gehörte, solange sie zurückdenken konnten. Daher überraschte es sie, dass er beunruhigt wirkte. Er fragte: »Ist euch aber mal aufgefallen, wie wenig wir uns selbst verändern wollen, wenn sich die Umstände verändern?«

Die Mäuse-Strategie

Carlos meinte: »Ich schätze, dass wir uns nicht verändern möchten, weil wir uns vor Veränderungen fürchten.«

»Carlos, du warst doch der Kapitän der Football-Mannschaft«, sagte Jessica. »Ich hätte nie gedacht, dass ich von dir mal hören würde, dass du vor etwas Angst hast!«

Alle lachten, als ihnen klar wurde, dass sie zwar im Leben ganz unterschiedliche Richtungen eingeschlagen hatten – von der Hausarbeit bis hin zum Firmenmanagement –, aber trotzdem mit ähnlichen Fragen beschäftigt waren.

Alle hatten versucht, die unerwarteten Veränderungen in den Griff zu bekommen, die sie in den letzten Jahren erlebt hatten. Und die meisten gaben zu, nicht den richtigen Weg zu kennen, wenn es darum ging, mit diesen Veränderungen fertigzuwerden.

Dann sagte Michael: »Ich hatte auch immer Angst vor Veränderungen. Wenn in unserem Unternehmen ein großer Umbruch bevorstand, wussten wir nicht, was wir tun sollten. Also machten wir nichts anders als sonst und hätten damit die Firma fast verloren.«

»Das heißt«, fuhr er fort, »das ging so lange so, bis ich eine lustige kleine Geschichte hörte, durch die alles anders wurde.«

»Wie das?«, wollte Nathan wissen.

»Nun, die Geschichte bewirkte, dass ich Veränderungen in einem anderen Licht betrachtete, und danach ging es mir bald besser – in der Arbeit und in meinem Privatleben.

Dann gab ich die Geschichte an ein paar Leute in unserer Firma weiter, die erzählten sie wieder anderen, und bald lief unser Unternehmen viel besser, weil wir alle besser mit Veränderungen umgehen konnten. Und viele sagten, die Geschichte habe ihnen auch im Privatleben geholfen, genau wie mir selbst.«

»Was ist das denn für eine Geschichte?«, fragte Angela.

»Sie heißt *Die Mäuse-Strategie*!«

Alle lachten. »Ich glaube, mir gefällt die Geschichte jetzt schon«, sagte Carlos. »Würdest du sie uns erzählen?«

»Klar«, antwortete Michael. »Nur zu gern – sie ist nicht lang.« Und so fing er an:

Die Mäuse-Strategie

*Das Leben ist kein schöner, gerader Gang,
den wir ungehindert frei durchschreiten,
sondern ein Labyrinth aus Korridoren,
durch die wir unsern Weg zu bahnen haben,
verirrt und verwirrt und immer aufs Neue
in Sackgassen gefangen.*

*Doch wenn wir nur den Glauben haben,
wird Gott uns immer eine Türe öffnen,
keine vielleicht, an die wir selbst
auch nur im Traum gedacht haben,
doch eine, die sich uns am Ende
als segensreich erweisen wird.*

A.J. Cronin

II

Die Mäuse-Strategie: Die Geschichte

In einem weit entfernten Land lebten vor langer Zeit vier kleine Wesen in einem Labyrinth. In diesem Labyrinth liefen sie unaufhörlich herum und suchten nach Käse, der sie satt und glücklich machte.

Zwei der Wesen waren Mäuse namens »Schnüffel« und »Wusel«, und zwei waren Zwergenmenschen – Wesen, die so winzig wie Mäuse waren, aber ganz ähnlich aussahen und sich ähnlich verhielten wie die Menschen von heute.

Sie hießen »Grübel« und »Knobel«.

Weil die vier so klein waren, konnte man leicht übersehen, was sie taten. Aber wenn man nur genau genug hinblickte, konnte man die erstaunlichsten Dinge entdecken!

Die Mäuse und das Zwergenpaar verbrachten jeden Tag im Labyrinth und suchten dort nach ihrem ganz speziellen Käse.

Die Mäuse, Schnüffel und Wusel, besaßen zwar nur einfache Nagergehirne, dafür aber einen guten Instinkt. Sie suchten nach dem harten Knabberkäse, den sie, wie viele Mäuse, so gerne mochten.

Die beiden Zwergenmenschen, Grübel und Knobel, benutzten ihre Gehirne, die randvoll mit

Die Mäuse-Strategie

Meinungen und Überzeugungen waren, um eine ganz andere Art von Käse zu suchen. Einen Käse, der ihnen, wie sie glaubten, das Gefühl geben würde, glücklich und erfolgreich zu sein.

So verschieden die Mäuse und die Zwergenmenschen auch waren, eines hatten sie gemeinsam: Jeden Morgen zog jeder von ihnen seinen Jogginganzug und seine Laufschuhe an, verließ seine kleine Wohnung und rannte ins Labyrinth hinaus, um seinen Lieblingskäse zu suchen.

Das Labyrinth war ein Gewirr von Korridoren und Kammern, von denen manche köstlichen Käse enthielten. Es gab jedoch auch dunkle Ecken und Sackgassen, die nirgendwohin führten. Man konnte sich in dem Labyrinth leicht verirren.

Doch für den, der sich zurechtfand, hielt das Labyrinth Geheimnisse bereit, die ihm zu einem schöneren Leben verhalfen.

Die Mäuse, Schnüffel und Wusel, wandten die simple, aber wenig effektive empirische Methode an, um Käse zu finden. Sie liefen einfach einen Gang hinunter, und wenn der sich als leer erwies, kehrten sie um und nahmen sich einen anderen Gang vor.

Schnüffel, der über einen hervorragenden Riecher verfügte, machte die ungefähre Richtung aus, in der der Käse zu finden war, und Wusel rannte dann voraus. Wie man sich denken kann, verirrten sie sich oft, liefen in die falsche Richtung und rannten häufig gegen eine Wand.

Die beiden Zwergenmenschen, Grübel und Knobel, wandten dagegen eine andere Methode an. Sie beruhte auf ihrer Fähigkeit zu denken und aus früheren Erfahrungen zu lernen. Allerdings brachten ihre Überzeugungen und Gefühle sie manchmal durcheinander.

Schließlich fanden sie dann alle auf ihre eigene Weise das, was sie gesucht hatten: Jeder von ihnen entdeckte eines Tages am Ende eines Korridors seine ganz spezielle Käsesorte im Käselager K.

Von nun an zogen die Mäuse und das Zwergenpaar jeden Morgen ihre Laufkleidung an und begaben sich ins Käselager K. Bald entwickelte dabei jeder seine eigenen Gewohnheiten.

Schnüffel und Wusel wachten weiterhin jeden Tag früh auf und rannten durch das Labyrinth, immer dieselbe Strecke entlang.

Wenn sie am Ziel waren, zogen sie ihre Laufschuhe aus, banden sie zusammen und hingen sie sich um den Hals – damit sie sie schnell wieder anziehen konnten, sobald sie sie brauchten. Dann ließen sie sich den Käse schmecken.

Grübel und Knobel rannten zunächst auch jeden Morgen zum Käselager K, um die köstlichen Bissen zu genießen, die dort auf sie warteten.

Die Mäuse-Strategie

Doch nach einer Weile nahmen die Zwergenmenschen andere Gewohnheiten an.

Grübel und Knobel wachten jeden Tag ein bisschen später auf, zogen sich ein bisschen langsamer an und spazierten zum Käselager K. Schließlich wussten sie jetzt, wo man den Käse fand und wie man dorthin gelangte.

Sie hatten keine Ahnung, woher der Käse stammte oder wer ihn dorthin brachte. Sie nahmen einfach an, dass er schon da sein würde.

Sobald Grübel und Knobel morgens im Käselager K angekommen waren, ließen sie sich nieder und machten es sich gemütlich. Sie hingen ihre Jogginganzüge auf, stellten die Laufschuhe beiseite und zogen ihre Pantoffeln an. Jetzt, wo sie den Käse gefunden hatten, fanden sie das Leben sehr bequem.

»Das ist toll«, sagte Grübel. »Hier gibt es für alle Zeit und Ewigkeit genügend Käse.« Das Zwergenpaar fühlte sich glücklich und erfolgreich und dachte, dass es nun ausgesorgt hätte.

Es dauerte nicht lange, bis Grübel und Knobel den Käse, den sie im Käselager K gefunden hatten, als *ihren* Käse betrachteten. Der Käsevorrat war so riesig, dass sie schließlich ihre Wohnung näher an das Lager verlegten und ein gesellschaftliches Leben um das Lager herum aufbauten.

Um sich heimischer zu fühlen, verzierten Grübel und Knobel die Wände mit Sprüchen und zeichneten sogar Käsebilder drum herum, die sie zum Lächeln brachten. Einer der Sprüche lautete:

Wer Käse hat, ist glücklich.

Hin und wieder luden Grübel und Knobel ihre Freunde ein, um ihnen ihren Käsehaufen im Käselager K vorzuführen. Sie zeigten voller Stolz darauf und sagten: »Ganz ordentlich, der Käse da, oder vielleicht nicht?« Manchmal gaben sie ihren Freunden von dem Käse ab, manchmal auch nicht.

»Wir haben diesen Käse verdient«, sagte Grübel. »Schließlich mussten wir lang und schwer genug arbeiten, um ihn zu finden.« Er hob ein leckeres, frisches Stückchen auf und aß es.

Jeden Abend watschelten die Zwergenmenschen, randvoll mit Käse, in ihre Wohnungen zurück. Und jeden Morgen kamen sie zuversichtlich wieder ins Lager, um sich noch mehr Käse zu holen.

Das ging eine ganze Zeit lang so weiter.

Nach einer Weile verwandelte sich Grübels und Knobels Zuversicht in Arroganz. Bald fühlten sich die beiden so wohl, dass sie gar nicht mehr merkten, was vor sich ging.

Schnüffel und Wusel dagegen behielten ihre Gewohnheiten die ganze Zeit bei. Sie kamen frühmorgens, schnüffelten, scharrten und husch-

Die Mäuse-Strategie

Wer Käse hat, ist glücklich.

ten im Käselager K herum und inspizierten das Terrain, um herauszufinden, ob sich seit dem vorigen Tag etwas verändert hatte. Dann hockten sie sich hin und knabberten am Käse.

Eines Morgens kamen sie im Käselager K an und entdeckten, dass kein Käse da war.

Das überraschte sie nicht. Da Schnüffel und Wusel bemerkt hatten, dass der Käsevorrat Tag für Tag kleiner geworden war, waren sie auf das Unvermeidliche gefasst und wussten instinktiv, was zu tun war.

Sie blickten sich an, griffen zu den Laufschuhen, die sie zusammengebunden und sich griffbereit um den Hals gehängt hatten, zogen sie an und schnürten sie zu.

Die Mäuse analysierten die Lage nicht übermäßig und belasteten sich auch nicht mit komplizierten Überlegungen.

Für die Mäuse war das Problem genauso einfach wie die Lösung. Die Lage im Käselager K hatte sich verändert. Also beschlossen Schnüffel und Wusel, sich ebenfalls zu ändern.

Beide blickten ins Labyrinth hinaus. Dann hob Schnüffel seine Nase, schnupperte und nickte Wusel zu, der ins Labyrinth hinein vorausrannte, während Schnüffel ihm nachlief, so rasch er nur konnte.

So waren sie schnell auf und davon, um neuen Käse zu suchen.

Später am selben Tag kamen Grübel und Knobel im Käselager K an. Da sie den kleinen Veränderungen, die sich jeden Tag ereignet hatten, keine Beachtung geschenkt hatten, hielten sie es für selbstverständlich, dass ihr Käse da sein würde.

Auf das, was sie vorfanden, waren sie nicht vorbereitet.

»Was! Kein Käse?«, schrie Grübel auf. Und er schrie weiter: »Kein Käse? Kein Käse?«, als ob jemand den Käse zurückbringen würde, wenn er nur genügend Lärm schlug.

»Wer hat meinen Käse geklaut?«, brüllte er.

Schließlich stemmte er die Hände in die Hüften, sein Gesicht lief rot an, und er schrie aus Leibeskräften: »Das ist nicht fair!«

Knobel schüttelte einfach nur ungläubig den Kopf. Auch er hatte sich darauf verlassen, dass sie im Käselager K Käse finden würden. Lange stand er da, so entsetzt, dass er sich nicht mehr rühren konnte. Auf diesen Anblick war er schlicht nicht vorbereitet.

Grübel brüllte irgendwas, aber Knobel wollte es nicht hören. Er wollte sich den Tatsachen nicht stellen und verdrängte erst einmal die neuen Tatsachen.

Die Reaktion des Zwergenpaares war zwar nicht sonderlich ansprechend oder produktiv – aber verständlich war sie schon.

Käse finden war nicht einfach, und ihn zu haben, bedeutete für die Zwergenmenschen viel mehr, als nur jeden Tag genügend davon essen zu können.

Käse finden war für das Zwergenpaar der Weg, das zu bekommen, was sie ihrer Meinung nach zum Glück brauchten. Jeder Kleinmensch hatte seinen eigenen Geschmack und seine ganz persönlichen Vorstellungen davon, was Käse ihm bedeutete.

Für manche bedeutete Käse zu finden, materielle Güter zu besitzen. Für andere bedeutete es, gesund zu sein oder ein seelisches Wohlgefühl zu entwickeln.

Für Knobel bedeutete Käse einfach, dass er sich geborgen fühlen konnte, eines Tages eine liebevolle Familie um sich haben und in einem gemütlichen Häuschen in der Cheddar-Straße wohnen würde.

Für Grübel bedeutete Käse, ein großes Tier in leitender Position zu werden und eine tolle Villa ganz oben auf dem Camembert-Hügel zu besitzen.

Weil der Käse ihnen so wichtig war, überlegten die beiden lange hin und her und versuchten zu entscheiden, was sie nun anfangen sollten. Ihnen fiel aber nichts anderes ein, als sich weiter im Käselager K umzusehen, um festzustellen, ob der Käse denn wirklich weg war.

Je wichtiger
dir dein
Käse ist,
desto mehr
willst du ihn
behalten.

Während Schnüffel und Wusel rasch zu neuen Ufern aufgebrochen waren, hörten Grübel und Knobel nicht auf zu grübeln und zu knobeln.

Sie schimpften lauthals, wie ungerecht das alles sei. Knobel wurde deprimiert. Was, wenn morgen auch kein Käse da sein würde? Schließlich hatte er Zukunftspläne geschmiedet, die von diesem Käse abhingen.

Das Zwergenpaar konnte es einfach nicht fassen. Wie hatte das nur passieren können? Niemand hatte sie gewarnt. Es war nicht gerecht. Es war einfach nicht so, wie es sein sollte.

An diesem Abend zogen Grübel und Knobel hungrig und entmutigt nach Hause. Aber bevor sie gingen, schrieb Knobel an die Wand:

Je wichtiger dir dein Käse ist,
desto mehr willst du ihn behalten.

Am folgenden Tag verließen Grübel und Knobel ihre Wohnungen und kehrten wieder ins Käselager K zurück. Irgendwie erwarteten sie immer noch, dass sie dort *ihren* Käse finden würden.

Doch nichts hatte sich verändert, der Käse war nicht mehr da. Das Zwergenpaar wusste nicht, was es tun sollte. Die beiden blieben einfach stehen, starr wie zwei Salzsäulen.

Knobel kniff die Augen zusammen, so fest er nur konnte, und presste die Hände auf die Ohren. Er wollte nichts mehr hören und sehen.

Die Mäuse-Strategie

Dass der Käsevorrat schon seit Langem immer kleiner geworden war, wollte er nicht wahrhaben. Er glaubte, dass man ihn auf einen Schlag fortgebracht hätte.

Grübel analysierte die Situation immer wieder aufs Neue, und schließlich setzte sich das riesige Geflecht aus vorgefassten Überzeugungen in seinem Gehirn durch. »Warum haben sie mir das angetan?«, fragte er. »Was geht hier eigentlich vor?«

Irgendwann öffnete Knobel dann die Augen, sah sich um und sagte: »Übrigens, wo sind eigentlich Schnüffel und Wusel? Glaubst du, dass sie mehr wissen als wir?«

»Was sollen die schon wissen?«, schnaubte Grübel verächtlich.

»Das sind doch bloß einfache Mäuse«, fuhr er fort. »Sie reagieren lediglich auf die Umstände. Wir sind Zwergenmenschen. Wir sind etwas Besonderes. Wir sollten imstande sein zu klären, was hier los ist. Und außerdem haben wir Besseres verdient.

Falls wir das nicht erleben sollten, dann sollten wir zumindest eine Entschädigung bekommen.«

»Warum sollten wir eine Entschädigung bekommen?«, fragte Knobel.

»Weil wir einen Anspruch haben«, behauptete Grübel.

»Anspruch worauf?«, wollte Knobel wissen.

Veränderungen erfolgreich begegnen

»Wir haben Anspruch auf unseren Käse.«
»Warum?«, fragte Knobel.
»Weil wir dieses Problem nicht verursacht haben«, sagte Grübel. »Das war jemand anderer, und wir sollten etwas dafür bekommen.«
»Vielleicht«, schlug Knobel vor, »sollten wir aufhören, dauernd die Lage zu sondieren, und einfach losziehen, um neuen Käse zu suchen.«
»Oh nein«, widersprach Grübel. »Ich werde dieser Sache auf den Grund gehen.«

Während Grübel und Knobel immer noch versuchten, zu einer Entscheidung zu gelangen, was nun zu tun sei, waren Schnüffel und Wusel schon gut vorangekommen. Sie drangen tiefer ins Labyrinth vor, liefen die Gänge hinauf und hinunter und suchten in jedem Käselager, das ihnen unterkam, nach Käse.

Sie hatten nichts anderes im Sinn, als neuen Käse zu finden.

Eine ganze Weile lang fanden sie keinen, bis sie in einen Teil des Labyrinths gelangten, in dem sie noch nie zuvor gewesen waren: in das Käselager N.

Sie quiekten vor Entzücken. Hier war, was sie gesucht hatten: ein riesiger Vorrat an neuem Käse.

Sie trauten ihren Augen kaum. Denn hier lag der größte Käsevorrat, den die Mäuse jemals gesehen hatten.

Die Mäuse-Strategie

Grübel und Knobel waren währenddessen immer noch im Käselager K und überdachten ihre Lage. Inzwischen begannen sie, die Auswirkungen des Käsemangels zu spüren. Sie wurden frustriert und wütend und machten sich gegenseitig dafür verantwortlich, dass sie in diese Situation geraten waren.

Knobel dachte gelegentlich an seine Mäusekumpane, Schnüffel und Wusel, und fragte sich, ob sie wohl schon irgendwas an Käse gefunden hatten. Er vermutete, dass sie es vielleicht schwer hatten, denn für gewöhnlich war es eine reichlich unsichere Angelegenheit, durch das Labyrinth zu laufen. Aber er wusste auch, dass die Unsicherheit wahrscheinlich nur eine gewisse Zeit anhalten würde.

Manchmal stellte sich Knobel vor, wie Schnüffel und Wusel neuen Käse entdeckten und ihn sich schmecken ließen. Er dachte daran, wie gut es für ihn wäre, wenn er sich auf den abenteuerlichen Weg durch das Labyrinth machen und leckeren neuen Käse finden würde. Er konnte den Käse beinahe schon schmecken.

Je klarer Knobel das Bild vor Augen stand, wie er neuen Käse fand und genüsslich aß, desto besser konnte er sich vorstellen, das Käselager K zu verlassen.

»Gehen wir!«, rief er ganz plötzlich aus.

»Nein«, gab Grübel sofort zurück. »Mir gefällt es hier. Hier ist es bequem. Hier kenne ich mich aus. Und außerdem ist es da draußen gefährlich.«

»Ist es nicht«, widersprach Knobel. »Wir sind früher durch viele Teile dieses Labyrinths gelaufen, und das können wir auch jetzt wieder.«

»Ich werde zu alt für so was«, sagte Grübel. »Und ich habe keine Lust, mich zu verirren und mich lächerlich zu machen. Du vielleicht?«

Als Knobel das hörte, packte ihn wieder die Angst vor dem Scheitern, und seine Hoffnung, neuen Käse zu finden, schwand dahin.

Also machte das Zwergenpaar weiterhin Tag für Tag dasselbe. Sie gingen zum Käselager K, fanden keinen Käse und zogen mitsamt ihren Sorgen und Enttäuschungen wieder nach Hause zurück.

Sie versuchten, die Tatsachen zu leugnen, aber es fiel ihnen immer schwerer einzuschlafen, sodass sie am nächsten Tag noch weniger Antrieb hatten und reizbar wurden.

Ihre Wohnungen waren nicht mehr die behaglichen Plätzchen von einst. Die Zwergenmenschen fanden kaum Schlaf und wurden von Albträumen geplagt, in denen sie keinen Käse fanden.

Und dennoch kehrten Grübel und Knobel immer wieder ins Käselager K zurück und harrten dort jeden Tag aus.

Grübel sagte: »Weißt du, wenn wir uns nur mehr bemühen, wird sich herausstellen, dass sich gar nicht groß was verändert hat. Der Käse

Die Mäuse-Strategie

ist wahrscheinlich ganz in der Nähe. Vielleicht haben sie ihn nur hinter der Mauer versteckt.«

Am nächsten Tag kamen Grübel und Knobel mit Werkzeug zurück. Grübel hielt den Meißel, während Knobel auf den Hammer schlug, bis die Wand des Käselagers ein Loch hatte. Sie spähten hinein, aber sie fanden keinen Käse.

Das enttäuschte sie zwar, aber sie glaubten trotzdem, das Problem lösen zu können. Also fingen sie früher an, blieben länger und arbeiteten härter. Aber nach einer Weile hatten sie immer noch nichts außer einem Riesenloch in der Wand.

Knobel erkannte allmählich den Unterschied zwischen Aktivität und Produktivität.

»Vielleicht«, meinte Grübel, »sollten wir uns einfach hinsetzen und abwarten. Früher oder später müssen sie den Käse doch zurückbringen.«

Knobel wollte das auch gerne glauben. Also ging er jeden Tag heim, um sich auszuruhen, und kehrte dann zögernd mit Grübel zum Käselager K zurück. Aber dort tauchte nie wieder Käse auf.

Inzwischen war das Zwergenpaar durch den Hunger und den Stress geschwächt. Knobel hatte es allmählich satt, darauf zu warten, dass sich die Lage bessern würde. Er erkannte immer mehr, dass sie umso schlechter dran sein würden, je länger sie in ihrer käselosen Lage verharrten.

Veränderungen erfolgreich begegnen

Knobel wusste, dass ihre Chancen immer mehr schwanden.

Eines Tages begann Knobel schließlich, über sich selbst zu lachen. »Ha, ha, schau dich doch mal selber an. Da mache ich immer das Gleiche, und dann frage ich mich, warum es nicht besser wird. Das ist doch wirklich zu lächerlich.«

Knobel gefiel zwar die Vorstellung nicht, wieder durch das Labyrinth laufen zu müssen, denn er wusste, dass er sich verirren und keine Ahnung haben würde, wo er Käse auftreiben könnte. Aber er musste über seine eigene Dummheit lachen, als er erkannte, was seine Furcht mit ihm anstellte.

Er fragte Grübel: »Wo haben wir eigentlich unsere Jogginganzüge und Laufschuhe hingetan?« Es dauerte lange, bis er sie gefunden hatte, denn nachdem sie im Käselager K ihren Käse entdeckt hatten, war alles weggepackt worden, weil sie geglaubt hatten, sie würden die Sachen nicht mehr brauchen.

Als Grübel sah, wie sein Freund in die Laufkleidung schlüpfte, sagte er: »Du willst doch nicht etwa wirklich wieder ins Labyrinth hinaus, oder? Warum wartest du nicht einfach hier mit mir, bis sie den Käse zurückbringen?«

»Weil er einfach nicht mehr zurückkommt«, sagte Knobel. »Ich wollte das auch nicht einsehen, aber jetzt ist mir klar, dass sie den alten Käse nie zurückbringen werden. Das war Käse

Die Mäuse-Strategie

von gestern. Jetzt ist es Zeit, neuen Käse zu finden.«

Grübel wandte ein: »Aber was, wenn es da draußen keinen Käse gibt? Oder wenn doch welcher da ist – was, wenn du ihn nicht findest?«

»Keine Ahnung«, antwortete Knobel. Er hatte sich diese Fragen selbst schon allzu oft gestellt, und er spürte, wie die Ängste wieder hochkamen, die ihn da festhielten, wo er jetzt war.

Dann aber dachte er daran, wie es sein würde, neuen Käse zu finden, und stellte sich die vielen schönen Dinge vor, die damit verbunden waren. Und so nahm er all seinen Mut zusammen.

»Manchmal«, sagte Knobel, »verändert sich etwas und wird nie mehr so, wie es mal war. Scheint, als ob das jetzt passiert wäre, Grübel. So ist das Leben! Das Leben geht weiter. Und wir sollten mitgehen.«

Knobel schaute seinen ausgezehrten Gefährten an und versuchte, ihn zur Vernunft zu bringen. Aber Grübels Furcht hatte sich in Ärger verwandelt, und er wollte nicht hören.

Knobel wollte seinen Freund nicht beleidigen, aber er musste einfach darüber lachen, wie dumm sie beide aussahen.

Als Knobel sich zum Gehen fertig machte, fühlte er sich schon lebendiger, denn er wusste, dass er nun endlich über sich selbst lachen, loslassen und etwas Neues machen konnte.

Er verkündete: »Das Labyrinth wartet!«

Veränderungen erfolgreich begegnen

Grübel lachte nicht und gab auch keine Antwort.

Knobel hob einen kleinen, spitzen Stein auf und ritzte damit einen Sinnspruch in die Wand, über den Grübel nachdenken sollte. Wie gewohnt, malte Knobel sogar ein Käsebild um den Spruch herum und hoffte, es würde Grübel vielleicht dazu bringen, zu lächeln, sich einen Ruck zu geben und sich auf die Jagd nach dem neuen Käse zu machen. Aber Grübel wollte das Bild nicht sehen.

Der Spruch lautete:

Wer sich nicht ändert, kann untergehen.

Dann streckte Knobel seinen Kopf hinaus und spähte vorsichtig in das Labyrinth. Er dachte daran, wie er sich in diese käselose Lage gebracht hatte.

Er hatte geglaubt, dass vielleicht kein Käse im Labyrinth sei oder dass er ihn vielleicht nicht finden würde. Solch angstvolle Überzeugungen machten ihn unbeweglich und richteten ihn zu Grunde.

Knobel lächelte. Er wusste, dass Grübel sich fragte: Wer hat mir meinen Käse weggenommen? Knobel jedoch fragte sich jetzt: Warum habe ich mich bloß nicht schon früher aufgerafft und bin dahin gegangen, wo der Käse ist?

Als Knobel sich auf den Weg ins Labyrinth machte, blickte er zu dem Ort zurück, von

Wer sich nicht ändert, kann untergehen.

dem er gekommen war, und spürte, welchen Trost er bot. Er konnte fühlen, wie ihn etwas in sein gewohntes Terrain zurückzog – obwohl er dort schon lange keinen Käse mehr gefunden hatte.

Knobel wurde ängstlich und fragte sich, ob er sich wirklich ins Labyrinth hinauswagen wollte. Er schrieb einen Spruch an die gegenüberliegende Wand und starrte eine Zeit lang darauf:

Was würdest du tun,
wenn du keine Angst hättest?

Er dachte darüber nach.

Er wusste, dass Angst manchmal nützlich sein kann. Wenn man befürchtet, dass die Lage noch schlechter wird, falls man nichts unternimmt, kann die Angst einen zum Handeln bewegen. Aber es ist nicht gut, wenn man so große Angst hat, dass sie einen davon abhält, irgendwas zu tun.

Er blickte nach rechts, zu dem Teil des Labyrinths, in dem er noch nie gewesen war, und spürte die Angst.

Dann atmete er tief durch, wandte sich nach rechts und joggte langsam los, hinein ins Unbekannte.

Während er versuchte, den richtigen Weg zu finden, machte sich Knobel zunächst Sorgen, vielleicht schon zu lange im Käselager K gewartet zu haben. Er hatte so lange keinen Käse

Was würdest du tun, wenn du keine Angst hättest?

mehr gegessen, dass er nun geschwächt war. Er brauchte länger als gewöhnlich, um durch das Labyrinth zu kommen, und es machte ihm mehr Mühe als sonst. Sollte er jemals wieder die Gelegenheit bekommen, beschloss er, dann würde er sich an Veränderungen schneller anpassen. Das würde vieles leichter machen.

Dann lächelte Knobel schwach und dachte: »Besser spät als nie.«

Während der nächsten Tage fand Knobel zwar da und dort ein bisschen Käse, aber der reichte nicht lange. Er hatte gehofft, er würde genug Käse finden, um Grübel etwas davon bringen und ihm so Mut machen zu können, mit ins Labyrinth hinauszukommen.

Aber dazu fühlte sich Knobel selbst noch nicht zuversichtlich genug. Er musste sich eingestehen, dass ihm das Labyrinth verwirrend vorkam. Es schien sich verändert zu haben, seit er das letzte Mal hier draußen gewesen war.

Immer wenn er gerade dachte, dass er jetzt vorwärts kam, verirrte er sich in den Gängen. Wie es schien, bestand sein Fortschritt darin, zwei Schritte nach vorn und einen zurück zu machen. Es war eine Herausforderung, aber er musste zugeben, dass es nicht annähernd so schlimm war, wieder im Labyrinth zu sein und nach Käse zu jagen, wie er befürchtet hatte.

Doch die Zeit verging, und er begann sich zu fragen, ob seine Erwartung, neuen Käse zu fin-

Die Mäuse-Strategie

den, überhaupt realistisch war. Er überlegte, ob er sich mehr zugemutet hatte, als er verdauen konnte. Aber dann lachte er, als ihm klar wurde, dass er im Augenblick überhaupt nichts zu verdauen hatte.

Immer wenn ihn der Mut zu verlassen drohte, machte er sich bewusst, dass das, was er jetzt tat, im Moment zwar recht unangenehm sein mochte, in Wirklichkeit aber viel besser war, als im »Lager Käselos« zu verharren. Er war dabei, das Ruder selbst zu übernehmen, anstatt sich einfach treiben zu lassen.

Und dann sagte er sich: Wenn Schnüffel und Wusel sich bewegen und etwas Neues machen können, dann kann ich das ja wohl auch!

Als er später Rückschau hielt, erkannte Knobel, dass der Käse im Käselager K nicht einfach über Nacht verschwunden war, wie er einst geglaubt hatte. Der Käsevorrat, der gegen Ende noch da gewesen war, war immer mehr zusammengeschmolzen, und die Überreste waren schon alt gewesen. Sie hatten nicht mehr so gut geschmeckt.

Vielleicht hatte der alte Käse sogar schon geschimmelt, ohne dass er es bemerkt hatte. Er musste sich jedoch eingestehen, dass er die Ereignisse, die sich abgezeichnet hatten, wahrscheinlich hätte vorhersehen können, wenn er nur gewollt hätte. Aber er hatte nicht gewollt.

Veränderungen erfolgreich begegnen

Knobel erkannte nun, dass ihn die Veränderung vermutlich nicht überrascht hätte, wenn er die ganze Zeit aufgepasst hätte, was sich um ihn herum tat, und sich auf Veränderungen eingerichtet hätte. Vielleicht hatten Schnüffel und Wusel genau das getan.

Er legte eine Ruhepause ein und schrieb an die Wand des Labyrinths:

Schnupper oft am Käse,
damit du merkst, wenn er alt wird.

Einige Zeit später – es kam Knobel wie eine Ewigkeit vor – stieß er schließlich auf ein riesiges Käselager, das vielversprechend aussah. Doch als er das Lager betrat, musste er zu seiner größten Enttäuschung feststellen, dass es leer war.

Dieses Gefühl völliger Leere habe ich jetzt einfach zu oft spüren müssen, dachte er. Er war nah daran, aufzugeben.

Knobels Körperkräfte ließen immer mehr nach. Er wusste, dass er sich verirrt hatte, und er hatte Angst, das Ganze nicht zu überleben. Er dachte daran umzukehren und zum Käselager K zurückzugehen. Falls ihm dies gelänge und Grübel noch dort war, wäre Knobel wenigstens nicht allein. Doch dann stellte er sich wieder jene Frage: Was würde ich tun, wenn ich keine Angst hätte?

Die Mäuse-Strategie

Schnupper oft am Käse, damit du merkst, wenn er alt wird.

Er hatte öfter Angst, als er es sogar sich selbst gegenüber gerne eingestand. Er konnte nicht immer genau sagen, wovor er Angst hatte, aber jetzt, in seinem geschwächten Zustand, war ihm klar, dass er sich einfach davor fürchtete, allein weiterzugehen. Knobel wusste es zwar nicht, doch er blieb hinter seinen Möglichkeiten zurück, weil seine Befürchtungen auf ihm lasteten.

Knobel fragte sich, ob Grübel sich inzwischen auf den Weg gemacht hatte oder ob er immer noch von seinen Ängsten gelähmt war. Dann dachte Knobel an die Zeiten, in denen er sich im Labyrinth am wohlsten gefühlt hatte. Das war immer dann gewesen, wenn er sich weiterbewegte.

Er schrieb etwas an die Wand – als Gedächtnishilfe für sich selbst wie auch als Hinweis für seinen Gefährten Grübel, wenn der ihm, wie er hoffte, einmal folgen würde:

*Wer eine neue Richtung einschlägt,
findet leichter neuen Käse.*

Knobel blickte den dunklen Gang hinunter. Er war sich seiner Angst bewusst. Was erwartete ihn dort? War der Gang leer? Oder schlimmer noch, lauerten dort Gefahren? Er fing an, sich alle möglichen schrecklichen Dinge vorzustellen, die ihm zustoßen konnten. Er erschreckte sich selbst zu Tode.

Wer eine neue Richtung einschlägt, findet leichter neuen Käse.

Veränderungen erfolgreich begegnen

Dann lachte er über sich. Er erkannte, dass seine Ängste alles nur noch schlimmer machten. Also tat er das, was er getan hätte, wenn er keine Angst gehabt hätte. Er ging los, in eine neue Richtung.

Als er in den dunklen Gang hineinlief, musste er lächeln. Knobel hatte es zwar noch nicht erkannt, doch er war dabei, das zu entdecken, was seine Seele nährte. Er ließ Vergangenes los und vertraute auf das, was vor ihm lag, obwohl er nicht genau wusste, was es war.

Zu seiner Überraschung merkte Knobel, wie ihm die Sache immer mehr Spaß machte. Warum fühle ich mich nur so gut?, überlegte er. Ich habe doch keinen Käse und keine Ahnung, wo ich hingehe.

Bald wurde ihm klar, warum er sich so gut fühlte.

Er blieb stehen, um wieder etwas an die Wand zu schreiben:

Wer losgeht und seine Angst hinter sich lässt, fühlt sich frei.

Knobel erkannte, dass seine eigene Furcht ihn gefangen gehalten hatte. Einen neuen Weg zu gehen hatte ihn befreit.

Jetzt spürte er auf einmal den kühlen Luftzug, der in diesem Teil des Labyrinths wehte und ihn erfrischte. Er holte ein paarmal tief Atem und

> Wer losgeht und seine Angst hinter sich lässt, fühlt sich frei.

Veränderungen erfolgreich begegnen

fühlte sich durch die Bewegung gestärkt. Seit er seine Angst überwunden hatte, war diese Käsesuche schöner, als er für möglich gehalten hatte.

Es war lange her, seit Knobel dieses Gefühl gespürt hatte. Er hatte fast vergessen, wie viel Spaß es machte.

Um das angenehme Gefühl noch zu steigern, begann Knobel, sich in Gedanken ein Bild auszumalen. Er sah sich selbst, ganz wirklichkeitsgetreu und in allen Einzelheiten, wie er in einem großen Haufen aus all seinen liebsten Käsesorten saß – von Cheddar bis Brie! Er sah vor sich, wie er die vielen Käsearten aß, die er mochte, und erfreute sich an dem, was er sah. Dann stellte er sich vor, wie er sich den großartigen Geschmack der unterschiedlichen Käsesorten auf der Zunge zergehen lassen würde.

Je deutlicher ihm das Bild des neuen Käses vor Augen stand, desto wirklicher wurde es, und desto mehr konnte er fühlen, dass er den Käse finden würde.

Er schrieb:

Allein schon die Vorstellung davon, wie mir der neue Käse schmecken wird, führt mich zu ihm.

Warum habe ich das bloß nicht schon früher gemacht?, fragte sich Knobel.

Dann raste er durch das Labyrinth, neu gestärkt und viel flinker als zuvor. Es dauerte nicht

Allein schon die Vorstellung davon, wie mir der neue Käse schmecken wird, führt mich zu ihm.

lange, bis er ein Käselager entdeckte, und er wurde ganz aufgeregt, als er am Eingang kleine Käsestücke bemerkte.

Es waren Käsesorten, die er nie zuvor gesehen hatte, aber sie sahen herrlich aus. Er probierte sie und stellte fest, dass sie köstlich schmeckten. Er aß die meisten Käsestückchen auf und steckte auch ein paar in die Tasche, um einen Vorrat zu haben und ihn vielleicht mit Grübel zu teilen. Allmählich kam er wieder zu Kräften.

Voller Erwartung betrat er das Käselager. Doch zu seiner Bestürzung sah er, dass es leer war. Jemand anderer war schon hier gewesen und hatte nur die wenigen Brocken neuen Käse übrig gelassen.

Ihm wurde klar, dass er hier höchstwahrscheinlich eine ganze Menge neuen Käse gefunden hätte, wenn er sich schneller auf den Weg gemacht hätte.

Knobel beschloss, zurückzugehen und zu schauen, ob Grübel jetzt bereit war, sich ihm anzuschließen.

Er verfolgte also seine eigene Spur zurück. Einmal hielt er an und schrieb an die Wand:

*Je schneller du den alten Käse sausen lässt,
desto eher findest du neuen.*

Nach einer Weile kam Knobel zum Käselager K zurück und fand Grübel. Er bot ihm ein paar

Die Mäuse-Strategie

> Je schneller
> du den alten
> Käse sausen
> lässt,
> desto eher
> findest du
> neuen.

Stücke vom neuen Käse an, aber Grübel lehnte ab.

Grübel wusste die Geste seines Freundes zwar zu schätzen, doch er sagte: »Ich glaube nicht, dass mir der neue Käse schmecken würde. Ich bin daran nicht gewöhnt. Ich will meinen eigenen Käse zurück und ich werde nichts ändern, bis ich das bekomme, was ich will.«

Knobel schüttelte nur enttäuscht den Kopf und kehrte dann zögernd allein ins Labyrinth zurück. Als er an der am weitesten entfernten Stelle des Labyrinths angelangt war, die er bisher erreicht hatte, vermisste er zwar seinen Freund immer noch. Doch er merkte, dass ihm das, was er da entdeckte, gefiel. Noch bevor er den hoffentlich großen Käsenachschub gefunden hatte – wenn er ihn überhaupt je finden würde –, wusste er, dass es nicht der Käse allein war, der ihn glücklich machte.

Er war glücklich, nicht von seiner Angst gesteuert zu werden. Was er jetzt machte, gefiel ihm.

Mit diesem Wissen fühlte sich Knobel nicht mehr so schwach wie damals im Käselager K. Die bloße Erkenntnis, dass er sich nicht von seiner Furcht aufhalten ließ, und das Wissen, dass er einen neuen Weg eingeschlagen hatte, nährten ihn und verliehen ihm Kraft.

Jetzt hatte er das Gefühl, dass es nur eine Frage der Zeit war, zu finden, was er brauchte.

Selbst im Labyrinth zu suchen ist sicherer, als ohne Käse zu sein.

Und tatsächlich spürte er, dass er das, was er suchte, sogar bereits gefunden hatte.
Er lächelte, als ihm klar wurde:

*Selbst im Labyrinth zu suchen
ist sicherer, als ohne Käse zu sein.*

Knobel erkannte wieder, was er früher schon einmal gemerkt hatte: Das, wovor man sich fürchtet, ist in Wirklichkeit nie so schlimm wie in der eigenen Vorstellung. Die Furcht, die man in seinem Inneren aufsteigen lässt, ist schlimmer als die Situation, die in Wirklichkeit existiert.

Er hatte solche Angst gehabt, er würde ja doch nie neuen Käse finden, dass er nicht einmal mehr zu suchen anfangen wollte. Aber seit er aufgebrochen war, hatte er in den Korridoren genügend Käse gefunden, um weitermachen zu können. Jetzt freute er sich darauf, noch mehr zu finden. Schon der Blick nach vorne genügte, um ihn in Aufregung zu versetzen.

Seine alte Denkweise war von seinen Sorgen und Ängsten überschattet worden. Seine Gedanken hatten immer darum gekreist, dass er nicht genügend Käse haben oder der Käse nicht so lange reichen würde, wie er es sich wünschte. Er hatte mehr darüber nachgedacht, was schieflaufen könnte, als darüber, was gut gehen könnte.

Aber seit er das Käselager K verlassen hatte, hatte sich das geändert.

Alte
Überzeugungen
führen Dich
nicht zu
neuem Käse.

Er hatte immer geglaubt, der Käse müsse stets an Ort und Stelle bleiben und Veränderungen seien nicht rechtens.

Jetzt erkannte er, dass ständige Veränderungen die natürlichste Sache der Welt waren – ob man sie nun erwartete oder nicht. Veränderungen konnten einen nur überraschen, wenn man nicht auf sie gefasst war und nicht nach ihnen Ausschau hielt.

Als ihm klar wurde, dass er seine Überzeugungen geändert hatte, machte er Halt und schrieb an die Wand:

Alte Überzeugungen führen dich nicht zu neuem Käse.

Knobel hatte zwar noch keinen Käse gefunden, doch während er durchs Labyrinth lief, dachte er über das nach, was er bereits gelernt hatte.

Er erkannte jetzt, dass ihn seine neue Einstellung auch zu neuen Verhaltensweisen anregte. Er verhielt sich jetzt ganz anders als damals, als er immer in dasselbe »Lager Käselos« zurückgekehrt war.

Er wusste jetzt: Wenn man seine Überzeugungen verändert, verändert man auch sein Verhalten.

Man kann glauben, man werde durch eine Veränderung Schaden nehmen, und sich des-

Wenn du erkennst, dass du neuen Käse finden und genießen kannst, änderst du den Kurs.

halb dagegen sperren. Oder man kann glauben, dass man an der Veränderung leichter Gefallen findet, wenn man neuen Käse entdeckt.

Es hängt alles davon ab, was man glauben will. Er schrieb an die Wand:

Wenn du erkennst, dass du neuen Käse finden und genießen kannst, änderst du den Kurs.

Knobel wusste, dass er jetzt in besserer Verfassung wäre, wenn er die Veränderung schon viel früher angenommen und das Käselager K eher verlassen hätte. Er würde sich körperlich und geistig stärker fühlen und wäre mit der Herausforderung, neuen Käse zu finden, leichter zurechtgekommen. Tatsächlich hätte er ihn inzwischen wahrscheinlich sogar schon gefunden, wäre er doch nur auf die Veränderung gefasst gewesen und hätte er nicht seine Zeit damit verschwendet, eine bereits eingetretene Veränderung zu leugnen.

Er nahm all seine Willenskraft zusammen und beschloss, weiter in die neueren Teile des Labyrinths vorzudringen. Hie und da entdeckte er kleine Käsestücke und wurde wieder kräftiger und zuversichtlicher.

Wenn er an den Ort zurückdachte, von dem er ausgezogen war, war Knobel froh, an vielen Stellen etwas an die Wand geschrieben zu haben. Er war zuversichtlich, dass die Inschrif-

Wer kleine
Änderungen
früh bemerkt,
passt sich an die
großen später
leichter an.

ten als deutlicher Wegweiser dienen würden, falls Grübel sich entschloss, das Käselager K doch zu verlassen und ihm durch das Labyrinth zu folgen.

Er hoffte nur, dass er die richtige Richtung eingeschlagen hatte. Er dachte daran, wie Grübel die Handschrift an der Wand vielleicht lesen und so den Weg finden würde.

Er notierte einen Gedanken an der Wand, der ihn schon geraume Zeit bewegte:

Wer kleine Änderungen früh bemerkt, passt sich an die großen später leichter an.

Mittlerweile hatte Knobel vom Vergangenen Abschied genommen und war dabei, sich auf die Zukunft einzustellen.

Schneller und mit neu gewonnener Stärke lief er weiter durch das Labyrinth. Und dann, nicht lange danach, geschah es.

Knobel fand neuen Käse im Käselager N!

Er ging hinein und konnte seinen Augen kaum trauen. Hoch aufgetürmt lag hier der größte Käsevorrat, den er je gesehen hatte. Er erkannte gar nicht alles, was er sah, denn einige Käsesorten waren ihm neu.

Einen Augenblick lang fragte er sich, ob dies Wirklichkeit oder nur Einbildung war, bis er seine alten Freunde Schnüffel und Wusel entdeckte.

Die Mäuse-Strategie

Schnüffel begrüßte Knobel mit einem Kopfnicken und Wusel winkte ihm mit der Pfote zu. An ihren runden kleinen Bäuchen konnte man erkennen, wie lange sie schon hier waren.

Knobel sagte schnell Hallo und kostete dann von all den Käsesorten, die er am liebsten mochte. Er zog seine Schuhe und seinen Jogginganzug aus und legte alles ordentlich in der Nähe hin, für den Fall, dass er die Sachen wieder brauchen sollte. Dann stürzte er sich auf den neuen Käse. Als er satt war, hob er ein Stück saftigen Käse hoch und brachte einen Toast aus. »Ein Hoch auf die Veränderung!«

Während Knobel sich den neuen Käse schmecken ließ, dachte er über das nach, was er gelernt hatte.

Als er noch Angst gehabt hatte, sich zu verändern, so erkannte er, hatte er sich an die Illusion vom alten Käse geklammert, der gar nicht mehr da war.

Was also hatte ihn dazu gebracht, sich zu ändern? War es die Angst vor dem Verhungern gewesen? Knobel dachte: Na ja, ihren Teil hat sie schon getan.

Dann lachte er und erkannte, dass er sich von dem Moment an zu ändern begonnen hatte, als er gelernt hatte, über sich selbst und seine Fehler zu lachen. Ihm wurde klar, dass man sich am schnellsten verändert, wenn man über seine eigene Dummheit lacht – dann kann man das Vergangene loslassen und rasch zu neuen Ufern aufbrechen.

Er wusste, dass er etwas Nützliches über das Weiterziehen von seinen Mäusekumpanen Schnüffel und Wusel gelernt hatte. Sie machten sich das Leben einfach. Sie analysierten nicht zu viel herum und machten die Dinge nicht komplizierter, als sie waren. Als sich die Lage geändert hatte und der Käse weg war, änderten sie sich auch und zogen dem Käse nach. Daran würde er in Zukunft denken.

Dann gebrauchte Knobel sein wunderbares Gehirn, um das zu tun, was Zwergenmenschen besser können als Mäuse.

Er dachte über die Fehler nach, die er in der Vergangenheit gemacht hatte, und nutzte sie, um seine Zukunft zu planen. Er wusste, dass man lernen konnte, mit Veränderungen umzugehen:

Man kann bewusster daran arbeiten, sich das Leben weniger kompliziert zu gestalten, flexibel und beweglich zu bleiben.

Man muss sich die Dinge nicht übermäßig schwer machen oder sich selbst mit Befürchtungen verwirren.

Man kann auf kleine Veränderungen achten, um dann besser auf die große Veränderung vorbereitet zu sein, die vielleicht bevorsteht.

Knobel wusste, dass er sich von nun an schneller anpassen musste, denn wenn man sich

Die Mäuse-Strategie

nicht rechtzeitig anpasst, kann man es genauso gut gleich bleiben lassen.

Er musste zugeben, dass die größte Hemmschwelle gegen Veränderungen im eigenen Inneren liegt und dass nichts besser wird, solange man sich nicht *selbst* ändert.

Die vielleicht wichtigste Erkenntnis bestand darin, dass es dort draußen immer neuen Käse gibt, ob man es im Augenblick nun erkennt oder nicht. Und dass man mit diesem Käse belohnt wird, wenn man seine Furcht überwindet und das Abenteuer genießt.

Knobel wusste: Ein gewisses Maß an Furcht sollte man respektieren, weil es einen vor echten Gefahren bewahren kann. Doch ihm war klar geworden, dass der Großteil seiner Ängste irrational gewesen war und ihn davon abgehalten hatte, sich zu verändern, als es nötig wurde.

Auch wenn es ihm nicht gefallen hatte, als es so weit war – er wusste, dass sich die Veränderung im Nachhinein als Segen erwiesen hatte, weil sie ihn zu besserem Käse geführt hatte.

Sogar zu einem besseren Teil seines Ichs hatte sie ihn geführt.

Während Knobel sich vergegenwärtigte, was er gelernt hatte, fiel ihm sein Freund Grübel ein. Er fragte sich, ob Grübel einen von den Sprüchen gelesen hatte, die Knobel im Käselager K und im ganzen Labyrinth an die Wände geschrieben hatte.

Veränderungen erfolgreich begegnen

Hatte Grübel sich je dazu entschlossen, das Vergangene hinter sich zu lassen und zu neuen Ufern aufzubrechen? War er je ins Labyrinth hinausgegangen und hatte entdeckt, was sein Leben besser machen konnte?

Knobel überlegte sich, ob er ins Käselager K zurückkehren und nachschauen sollte, ob Grübel noch dort war – vorausgesetzt, er fände selbst den Weg dorthin zurück. Falls er Grübel anträfe, dachte er, könnte er ihm vielleicht zeigen, wie er aus seiner misslichen Lage herauskommen könnte. Doch Knobel erkannte, dass er bereits versucht hatte, seinen Freund zur Änderung zu bewegen.

Grübel musste seinen eigenen Weg finden, musste das hinter sich lassen, was ihm Trost spendete, und seine Ängste überwinden. Kein anderer konnte das für ihn tun oder ihn dazu überreden. Auf irgendeine Weise musste er selbst einsehen, dass es nützlich war, sich zu verändern.

Knobel wusste: Er hatte eine Spur für Grübel hinterlassen, und Grübel konnte den Weg finden, wenn er nur imstande war, die Handschrift an der Wand zu lesen.

Er fing noch einmal an und schrieb auf die größte Wand des Käselagers N eine Zusammenfassung all dessen, was er gelernt hatte. Er malte ein großes Käsestück um die Einsichten, die er gewonnen hatte, und lächelte, als er sah, was er alles dazugelernt hatte:

Die Mottos an der Wand

Es wird sich etwas ändern!
Der Käse bleibt nicht für immer.

Sei auf Veränderungen vorbereitet!
*Mach dich darauf gefasst,
dass der Käse verschwindet.*

Beobachte die Veränderungen!
*Schnupper oft am Käse, damit du merkst,
wenn er alt wird.*

Pass dich schnell an Veränderungen an!
*Je schneller du alten Käse sausen lässt,
desto eher kannst du neuen Käse genießen.*

Verändere dich!
Folge dem Käse.

Genieß die Veränderung!
*Koste das Abenteuer aus und lass dir den
neuen Käse schmecken.*

Mach dich darauf gefasst, dich schnell zu ändern, und hab wieder Spaß daran!
Der Käse wird immer wieder verschwinden.

Veränderungen erfolgreich begegnen

Knobel erkannte, wie weit er es gebracht hatte, seit er mit Grübel im Käselager K gewesen war. Er wusste aber auch, dass er leicht in seine alten Gewohnheiten zurückfallen konnte, wenn er sich zu bequem einrichtete. Also inspizierte er jeden Tag das Käselager N, um zu prüfen, in welchem Zustand sein Käse war. Er wollte alles nur Mögliche unternehmen, Überraschungen durch unvorhergesehene Veränderungen zu vermeiden.

Obwohl Knobel immer noch einen großen Käsevorrat hatte, ging er oft hinaus und erforschte neue Teile des Labyrinths, um am Ball zu bleiben und stets zu wissen, was um ihn herum vorging. Er wusste, dass es sicherer war, sich über seine realen Möglichkeiten im Klaren zu sein, als sich auf vertrautem Gebiet zu isolieren.

Dann hörte Knobel ein Geräusch. Es klang, als ob sich draußen im Labyrinth etwas bewegte. Als das Geräusch lauter wurde, ging ihm auf, dass da jemand näher kam. Könnte es Grübel sein? Würde er gleich um die Ecke biegen?

Knobel sprach ein kleines Gebet und hoffte – wie schon so oft zuvor –, dass sein Freund es vielleicht endlich geschafft hatte ...

... den Käse zu suchen und es zu genießen!

Den Käse suchen und es genießen!

III

Eine Diskussion: Später am selben Tag

Als Michael mit seiner Geschichte fertig war, blickte er sich im Raum um und sah, dass seine früheren Schulfreunde ihn anlächelten.

Nathan fragte die anderen: »Was meint ihr, sollen wir uns später nochmal treffen und vielleicht über die Geschichte diskutieren?«

Die meisten meinten, sie würden gerne darüber reden, und so verabredeten sie sich zu einem Drink vor dem Abendessen.

Als sie dann abends in der Hotelhalle zusammenkamen, zogen sie sich erst gegenseitig auf und stellten sich vor, wie jeder von ihnen im Labyrinth herumlief und seinen »Käse« suchte.

Dann fragte Angela gutmütig in die Runde: »Also, wer seid ihr in der Geschichte gewesen? Schnüffel, Wusel, Grübel oder Knobel?«

Carlos antwortete: »Tja, das habe ich mir heute Nachmittag auch schon überlegt. Ich weiß noch gut, wie ich – bevor ich mein Sportartikelgeschäft aufmachte – einmal unsanft mit Veränderungen konfrontiert wurde.

Schnüffel war ich damals nicht – ich habe die Lage nicht sondiert und die Veränderung nicht frühzeitig kommen sehen. Und Wusel war ich schon zweimal nicht – ich habe nicht augenblicklich etwas unternommen.

Ich war eher wie Grübel, der in seinem vertrauten Terrain bleiben wollte. Um die Wahrheit zu sagen, ich wollte mich nicht mit der Veränderung auseinandersetzen. Ich wollte sie nicht einmal registrieren.«

Michael, der das Gefühl hatte, die Zeit sei stehen geblieben, seit er und Carlos in der Schule eng befreundet gewesen waren, fragte: »Worüber reden wir jetzt eigentlich genau?«

Carlos antwortete: »Von einem unerwarteten Stellenwechsel.«

Michael lachte. »Du bist gefeuert worden?«

»Sagen wir's einfach so, ich wollte nicht rausgehen und nach neuem Käse suchen. Ich fand, es gäbe gute Gründe, warum sich für mich nichts verändern sollte. Deshalb regte ich mich damals sehr auf.«

Einige ihrer früheren Schulkameraden, die anfangs nichts gesagt hatten, waren jetzt entspannter und meldeten sich ebenfalls zu Wort. So auch Frank, der zum Militär gegangen war.

»Grübel erinnert mich an einen Freund von mir«, meinte Frank. »Seine Abteilung war kurz davor, aufgelöst zu werden, aber er wollte es nicht wahrhaben. In einem fort versetzten sie seine Leute. Wir versuchten alle, mit ihm über die vielen anderen Möglichkeiten zu reden, die seine Firma denen bot, die flexibel sein wollten, aber er glaubte einfach nicht, dass er sich ändern müsse. Er war der Einzige, den es überraschte, als seine Abteilung dann wirklich dichtmachte. Und jetzt fällt es ihm schwer, sich an diese Veränderung anzupassen, die seiner Meinung nach nie hätte eintreten dürfen.«

Jessica sagte: »Ich dachte auch immer, mir könnte das nicht passieren und trotzdem hat man mir meinen ›Käse‹ mehr als einmal weggenommen.«

Viele in der Runde lachten, nur Nathan nicht.

»Vielleicht ist das genau der Punkt«, meinte er. »Jeder von uns erlebt Veränderungen.«

Und er fügte hinzu: »Ich wünschte, meine Familie hätte die Geschichte vom Käse schon mal gehört. Leider wollten wir die Veränderungen nicht sehen, die sich in unserer Branche abzeichneten, und jetzt ist es zu spät – wir müssen eine Menge von unseren Läden schließen.«

Das kam für viele in der Runde überraschend. Sie hatten gedacht, Nathan sei zufrieden, weil er in einem krisensicheren Unternehmen saß, auf das er Jahr um Jahr bauen konnte.

»Was ist denn passiert?«, wollte Jessica wissen.

»Unsere Kette aus kleinen Läden war plötzlich nicht mehr zeitgemäß, als sich der Mega-Store mit seinem riesigen Sortiment und seinen Billigpreisen in der Stadt ansiedelte. Damit konnten wir einfach nicht konkurrieren.

Jetzt ist mir klar, dass wir uns wie Grübel verhielten anstatt wie Schnüffel und Wusel. Wir traten auf der Stelle und änderten uns nicht. Wir versuchten, das zu ignorieren, was passierte, und jetzt sitzen wir in der Tinte. Von Knobel hätten wir noch einiges lernen können.«

Laura, die eine erfolgreiche Geschäftsfrau geworden war, hatte zwar zugehört, bis jetzt aber sehr wenig gesagt. »Ich habe heute Nachmittag auch über die Geschichte nachgedacht«, meinte sie jetzt. »Ich fragte mich, wie ich Knobel ähnlicher werden und erkennen könnte, was ich falsch mache; wie ich über mich lachen, mich ändern und es besser machen könnte.«

Sie fügte hinzu: »Ich würde gern etwas wissen. Wie viele Leute hier haben Angst vor Veränderungen?« Als niemand antwortete, schlug sie vor: »Wie wär's, wenn diejenigen die Hand heben würden?«

Nur eine Hand ging hoch. »Hmm, sieht so aus, als hätten wir einen ehrlichen Menschen in unserer Runde!«, sagte sie. Und sie fuhr fort: »Vielleicht gefällt euch die nächste Frage besser. Wie viele von euch glauben, dass andere Leute sich vor Veränderungen fürchten?« Alle hoben die Hand. Dann mussten alle lachen.

»Was sagt uns *das* wohl?«

»Dass wir es nicht wahrhaben wollen«, antwortete Nathan.

Veränderungen erfolgreich begegnen

Michael gab zu: »Manchmal ist uns nicht einmal bewusst, wie sehr wir Angst haben. Ich weiß, dass es mir nicht bewusst war. Als ich die Geschichte zum ersten Mal hörte, fand ich diese Frage so herrlich: ›Was würdest du tun, wenn du keine Angst hättest?‹«

Jessica fügte hinzu: »Also, mir sagt die Geschichte, dass sich auf jeden Fall etwas ändern wird – ob ich Angst davor habe oder nicht, ob ich will oder nicht.

Da fällt mir ein, was passierte, als unsere Firma vor Jahren versuchte, mehrbändige Enzyklopädien zu verkaufen. Jemand wollte uns einreden, wir sollten unser gesamtes enzyklopädisches Werk auf eine einzige Computerdiskette packen und zu einem Bruchteil des Preises verkaufen. Die Herstellung würde uns dann sehr viel weniger kosten und viel mehr Leute könnten sich das Werk leisten. Aber wir weigerten uns samt und sonders.«

»Warum denn?«, fragte Nathan.

»Weil wir damals davon überzeugt waren, das Rückgrat unseres Unternehmens sei unser großer Stab von Vertretern, die von Tür zu Tür gingen. Diese Vertreter konnten wir aber nur mithilfe der satten Provisionen halten, die sie vom hohen Preis unseres Produkts abzogen. So hatten wir das lange Zeit erfolgreich gehandhabt, und wir dachten, es würde immer so weitergehen.«

Die Mäuse-Strategie

»Das war also euer ›Käse‹«, meinte Nathan.

»Ja, und den wollten wir auch behalten. Wenn ich mir jetzt vor Augen führe, wie es uns dann erging, wird mir klar, dass man uns nicht einfach nur den ›Käse wegnahm‹. Der ›Käse‹ hat seine eigene Lebensdauer, und irgendwann ist er einfach alle.

Jedenfalls veränderten wir uns nicht. Ein Konkurrenzunternehmen dagegen tat es sehr wohl, und daraufhin gingen unsere Umsätze stark zurück. Wir machten eine schwierige Zeit durch. Und jetzt vollzieht sich in unserer Branche wieder ein großer technologischer Umbruch, und niemand in der Firma scheint sich ihm stellen zu wollen. Es sieht nicht gut aus. Könnte sein, dass ich bald auf der Straße sitze.«

»Das Labyrinth wartet!«, rief Carlos aus. Alle lachten und Jessica lachte mit.

Carlos wandte sich Jessica zu und sagte: »Gut, dass du über dich selbst lachen kannst.«

Frank meinte: »*Ich* habe Folgendes aus der Geschichte gelernt. Ich neige dazu, mich selbst zu ernst zu nehmen. Mir ist aufgefallen, wie sehr sich Knobel veränderte, als er endlich über sich und das, was er tat, lachen konnte.«

Angela fragte: »Glaubt ihr, dass Grübel sich jemals geändert und den neuen Käse gefunden hat?«

»Ich glaube schon«, meinte Elaine.

»Ich nicht«, widersprach Cory. »Manche Leute ändern sich nie, und sie zahlen den Preis dafür.

LOSDENKEN
LOSLEGEN
LOSLEBEN

ARISTON α

Vertrauen gewinnen,

256 Seiten | Klappenbroschur
€ 14,99 [D] | € 15,50 [A] | CHF 20,50*
ISBN 978-3-424-20050-8

2 CDs, Digipack
€ 14,99 [D] | € 16,90 [A] | 21,90 CHF*
ISBN 978-3-424-20051-5

Ein Buch über die Kunst, Menschen an sich zu binden. Leo Martin verrät, wie es uns ganz leicht gelingt, Kontakt aufzunehmen, Vertrauen zu gewinnen und andere von sich zu überzeugen. Das Buch, von dem der Geheimdienst nicht will, dass Sie es lesen!

Das Spiel zum SPIEGEL-Bestseller schult nicht nur Menschenkenntnis und Überzeugungskraft, sondern ist auch spannend und packend wie ein Krimi. Das Praxistraining für Freizeitagenten!

Karten und Booklet (20 Seiten)
€ 10,– [D/A] | CHF 14,90*
ISBN 978-3-424-20069-0

Menschen lesen

Ständig haben wir es mit Gefühlsterroristen zu tun, ob im Job, im Alltag, in der Familie ... Leo Martin hat sieben Arten von Gefühlsterroristen ausgemacht: Choleriker, Besserwisser, Arrogante, Nörgler, Intriganten, Leidende und Dampfplauderer. In seinem Buch zeigt er die besten Strategien auf, um sie zu stoppen.

224 Seiten | Klappenbroschur
€ 14,99 [D] | € 15,50 [A] | CHF 20,50*
ISBN 978-3-424-20135-2

Ex-Agent Leo Martin weiß, wie man Menschen für sich gewinnt. Anhand eines echten Falles aus der Welt der Geheimdienste führt er eindrucksvoll in die Kunst der Menschenkenntnis ein und zeigt, wie es uns allen ganz leicht gelingt, andere Menschen zu durchschauen. Spannend und packend wie ein Krimi!

240 Seiten | Geb. mit Schutzumschlag
€ 16,99 [D] | € 17,50 [A] | CHF 22,90*
ISBN 978-3-424-20072-0

Bücher, die Ihr

208 Seiten | Geb. mit Schutzumschlag
€ 18,99 [D] | € 19,60 [A] | CHF 25,90*
ISBN 978-3-424-20124-6

Dr. Joseph Murphy zeigt auf, wie wir dank der inneren Stimme unser Dasein durch Affirmationen, Visualisierungen und Meditationen zum Positiven hin beeinflussen können und so zu einem besseren und glücklicheren Leben finden. Er war überzeugt: „Wir Menschen haben die Macht, ganz bewusst auf das Unbewusste einzuwirken."

320 Seiten | Pappband
€ 15,– [D] | € 15,50 [A] | CHF 20,50*
ISBN 978-3-424-20128-4

Dr. Joseph Murphy ermöglicht seinen Lesern durch dieses Buch innere und äußere Entfaltung und zeigt, wie sich berufliche, private und gesundheitliche Hürden durch die positive Programmierung des Unterbewusstseins und die darin verborgene Kraft überwinden lassen. Denn was wir denken und glauben, prägt unsere Persönlichkeit, gestaltet unser Leben und bestimmt unsere Zukunft.

Leben verändern

Kostenfaktor oder Krankheit? Höchste Zeit, dass wir aufhören, das Alter nur als Einschränkung zu sehen! Anhand eines produktiven Miteinanders der Generationen zeigt der Autor, was wir alle zu gewinnen haben: Zeit, Sinn, Weisheit, Erfahrung.

240 Seiten | Geb. mit Schutzumschlag
€ 19,99 [D] | € 20,60 [A] | CHF 26,90*
ISBN 978-3-424-20106-2

Bärig lebt es sich einfach besser! Denn Bären stehen für die Ruhe und die Kraft, die erforderlich sind, um die Herausforderungen eines hektischen Alltags souverän zu meistern. Die Bärenfabel führt uns vor Augen, wie wir sinnerfüllt und glücklich unser Leben führen können, indem wir uns auf kluge Zeiteinteilung besinnen.

128 Seiten | Pappband
€ 10,- [D] | € 10,30 [A] | CHF 13,90*
ISBN 978-3-424-20055-3

Lothar Seiwert zeigt, dass wir unsere Einstellung gegenüber der Zeit und unseren Aufgaben radikal ändern müssen, um wieder Herr über unser Leben zu werden. Wer den Mut hat, seine Zeit unabhängig und frei einzuteilen, hat sein Leben selbst in der Hand.

320 Seiten | Geb. mit Schutzumschlag
€ 19,99 [D] | € 20,60 [A] | CHF 26,90*
ISBN 978-3-424-20058-4

Die besten Strategien

112 Seiten | Pappband
€ 12,– [D] | € 12,40 [A] | CHF 16,50*
ISBN 978-3-424-20143-7

Die Dinge verändern sich – manchmal schneller, als man denkt. Wie wir ihnen mutig und gelassen begegnen und sogar als Sieger aus scheinbar ausweglosen Situationen hervorgehen, erzählt die Parabel von Mäusen und Menschen.

272 Seiten | Pappband
€ 12,– [D] | € 12,40 [A] | CHF 16,50*
ISBN 978-3-424-20144-4

Mit diesem Klassiker können Sie die Erfolgsgesetze entdecken und für sich selbst nutzen. Napoleon Hill zeigt Ihnen, wie Sie durch Autosuggestion und den entschlossenen Einsatz Ihrer Fähigkeiten und Ihrer Fantasie reich werden können.

für Ihren persönlichen Erfolg

Limitierte Sonderausgaben
Jedes Buch
€ 12,– (D)
€ 12,40 (A)

256 Seiten | Pappband
€ 12,– [D] | € 12,40 [A] | CHF 16,50*
ISBN 978-3-424-20145-1

Ohne Guru oder jahrelanges Meditieren: John C. Parkin präsentiert die schnellste Entspannungsübung, die man sich vorstellen kann. Loslassen, Abstand gewinnen, akzeptieren, was ist, und entspannen. Kurz: »Fuck it!« ist kein Fluch, sondern eine Lebenseinstellung.

192 Seiten | Pappband
€ 12,– [D] | € 12,40 [A] | CHF 16,50*
ISBN 978-3-424-20148-2

Samy Molcho ist seit über 30 Jahren *der* Experte für Körpersprache. Mit diesem Buch legt er die Essenz seiner jahrzehntelangen erfolgreichen Arbeit vor. Mit zahlreichen Fotos und Übungen für alle, die dies für ihr eigenes Leben umsetzen wollen.

Loslassen und glücklich sein!

Fuck it! Wenden Sie dieses Prinzip als schnelle Lösungshilfe im Alltag an: Münzen Sie schwere Entscheidungen einfach in eine Ja-/Nein-Frage um. Dann schlagen Sie eine willkürliche Seite in diesem Buch auf – und finden dort genau die richtige Antwort!

240 Seiten | Pappband
€ 12,– [D] | € 12,40 [A] | CHF 16,50*
ISBN 978-3-424-20126-0

Fuck it! hat unzähligen Menschen zu mehr Gelassenheit und Lebensfreude verholfen. Da es aber nicht immer ganz einfach ist, diese innere Haltung auch wirklich im Alltag zu leben, zeigt John C. Parkin in seinem neuen Praxisbuch, wie wir lernen können, für immer loszulassen und innere Freiheit zu erlangen.

352 Seiten | Klappenbroschur
€ 16,99 [D] | € 17,50 [A] | CHF 22,90*
ISBN 978-3-424-20085-0

Dieses Buch ist Geschenkbuch und Gebrauchsanweisung in einem: Hier wird die Fuck-it-Philosophie durch kluge, witzige und absurdkomische Sprüche und Illustrationen auf den Punkt gebracht. Garantiert ohne Räucherstäbchen und Lotossitz!

224 Seiten | Pappband
€ 12,– [D] | € 12,40 [A] | CHF 16,50*
ISBN 978-3-424-20048-5

Erfolgreich kommunizieren

256 Seiten | Klappenbroschur
€ 16,99 [D] | € 17,50 [A] | CHF 22,90*
ISBN 978-3-424-20101-7

So viel Arbeit! Schon wieder eine Veränderung! Wer kennt sie nicht, diese Sätze mit dem jammervollen Unterton, wenn einen wieder einmal der Alltagsfrust eingeholt hat? Margit Hertlein, Kommunikationstrainerin und Coach, zeigt, wie man mit Humor und Kreativität Durststrecken überwindet – und am Ende das gewünschte Ziel erreicht!

224 Seiten | Klappenbroschur
€ 16,99 [D] | € 17,50 [A] | CHF 22,90*
ISBN 978-3-424-20123-9

„Wir deutschen Muttersprachler kommunizieren einfach anders als der Rest der Welt", sagt Susanne Kilian, UN-Dolmetscherin auf höchster Ebene: Wir reden nicht lange drum herum, wir kommen zum Punkt und sagen, wie es ist. Missstände zu benennen ist für uns lösungsorientiert – international kann es allerdings verletzend, irritierend und destruktiv sein.

Entfalten, was

288 Seiten | Geb. mit Schutzumschlag
€ 19,99 [D] | € 20,60 [A] | CHF 26,90*
ISBN 978-3-424-20098-0

Seit mehr als 15 Jahren beschäftigt sich Christian Bischoff mit der Psychologie des Erfolgs und den Gesetzen des Lebens. Glaubwürdig und kompetent vermittelt der Mentaltrainer seinen Lesern, wie sie im Leben das erreichen, was sie sich vorgenommen haben.

336 Seiten | Klappenbroschur
€ 16,99 [D] | € 17,50 [A] | CHF 22,90*
ISBN 978-3-424-20112-3

Unterhaltsam erklärt Alexander Hartmann, wie wir unser Unterbewusstsein steuern und auf Erfolg programmieren können. Anhand neurologisch fundierter Techniken eigene Muster und Verhaltensweisen besser erkennen, verstehen und vor allem verändern – ein Buch für alle, die Inspiration suchen, um ihrem Traum zu folgen.

in uns steckt

288 Seiten | Geb. mit Schutzumschlag
€ 19,99 [D] | € 20,60 [A] | CHF 26,90*
ISBN 978-3-424-20104-8

Hans-Otto Thomashoff verknüpft die Erkenntnisse von Psychologie, Psychoanalyse und Neurobiologie und entwirft ein vielschichtiges und unterhaltsam präsentiertes Panorama von der Funktionsweise unseres Gehirns und der von ihm erschaffenen Psyche. Fallgeschichten und Anekdoten sowie konkrete Handlungsempfehlungen für ein zufriedenes Leben ergänzen das Buch.

256 Seiten | Geb. mit Schutzumschlag
€ 18,99 [D] | € 19,60 [A] | CHF 25,90*
ISBN 978-3-424-20100-0

Warum handeln Menschen so, wie sie handeln? Warum starten wir als Optimisten und Chancensucher ins Leben – und warum verlieren wir später auf unserer Lebensreise die Wahrnehmung für das Glück und die Kraft, Entscheidungen für unser eigenes Leben zu treffen? Hans-Uwe L. Köhler geht diesen Fragen auf den Grund und bietet Lösungsansätze. Ein Reiseführer zu einem erfüllten Leben.

Karrieretipps

224 Seiten | Klappenbroschur
€ 16,99 [D] | € 17,50 [A] | CHF 22,90*
ISBN 978-3-424-20121-5

Wieso nur sind Frauen am Fleiß kleben geblieben? Brigitte Witzer hat sich intensiv mit dieser Frage beschäftigt – und erstaunliche Antworten gefunden: Frauen sind falsch unterwegs, für sie sieht ein Hamsterrad von innen wie eine Karriereleiter aus. Schluss damit!

288 Seiten | Klappenbroschur
€ 16,99 [D] | € 17,50 [A] | CHF 22,90*
ISBN 978-3-424-20079-9

Christine Weiner berichtet in ihrem Buch von erfolgreichen Frauen, die die „gläserne Decke" überwunden haben. Sie gibt Tipps, wie Frauen bedeutende Positionen erreichen und sich vor allem in diesen Positionen halten können. Hierfür hat sie ein Kompetenzmodell mit Karriereankern entwickelt.

für Frauen

192 Seiten | Klappenbroschur
€ 16,99 [D] | € 17,50 [A] | CHF 22,90*
ISBN 978-3-424-20110-9

Sigrid Meuselbach gibt ihren Leserinnen viele Tricks an die Hand und bietet Lösungen für kritische Situationen, die die Frauen aus eigener Erfahrung und aus ihrem Berufsalltag kennen. Ihr Ziel: Frauen lernen sich zu behaupten – mit Authentizität und Klarheit, mit Selbstbewusstsein und Kompetenz. Sigrid Meuselbach bringt Frauen in Führung und hilft Männern, gut damit zu leben.

208 Seiten | Klappenbroschur
€ 14,99 [D] | € 15,50 [A] | CHF 20,50*
ISBN 978-3-424-20120-8

Die Unternehmens- und Gründungsberaterin Brigitte Windt stärkt und begleitet Frauen, die ihre Erfolge bewusst gestalten wollen. Sie macht Mut, ausgefahrene Gleise zu verlassen, eigene Gedanken zu denken und persönliche Konzepte umzusetzen. Mit vielen konkreten Tipps und Planungstools.

Erschließen Sie

256 Seiten | Geb. mit Schutzumschlag
€ 19,99 [D] | € 20,60 [A] | CHF 26,90*
ISBN 978-3-424-20114-7

192 Seiten | Geb. mit Schutzumschlag
€ 18,99 [D] | € 19,60 [A] | CHF 25,90*
ISBN 978-3-424-20107-9

Biz Stone ist der Mitbegründer und Creative Director von Twitter. In seiner Autobiografie beschreibt er den unerwarteten Erfolg der Social-Media-Plattform, die die Welt veränderte. Eindrucksvoll erzählt er seine persönliche Geschichte vom unbekannten Computerfreak zu einem der erfolgreichsten Unternehmer des 21. Jahrhunderts.

Die erfahrene Kommunikationstrainerin Claudia Maurer und der geweihte Shaolin Shi Xing Mi haben die Essenz aus ihrer gemeinsamen Arbeit zusammengetragen und vermitteln in Seminaren die von ihnen entwickelte Shaolin-Strategie, die aus einem Zustand der inneren Unzufriedenheit und Erschöpfung in eine neue Dimension von Kraft, Zielstrebigkeit und Lebensfreude führt.

Ihr kreatives Potenzial!

288 Seiten | Klappenbroschur
€ 16,99 [D] | € 17,50 [A] | CHF 22,90*
ISBN 978-3-424-20094-2

224 Seiten | Klappenbroschur
€ 16,99 [D] | € 17,50 [A] | CHF 22,90*
ISBN 978-3-424-20109-3

Viele Hochbegabte, Hochsensible und Hochsensitive verfügen über enorme Fähigkeiten, leiden aber oft an ihrer Besonderheit. Coach und Therapeutin Anne Heintze hilft diesen außergewöhnlichen Menschen, ihre Fähigkeiten nicht als Hindernis, sondern als Gabe und Geschenk zu begreifen.

Marina Neumann beschreibt die problematischen Auswirkungen einer Umerziehung von der linken auf die rechte Hand. Sie zeigt auf, dass eine Befreiung aus dieser Unterdrückung auch im Erwachsenenalter noch möglich ist, wie man sich innerlich auf die Rückschulung einstellen kann, welche Chancen der Prozess bietet und mit welchen Schwierigkeiten man rechnen muss.

Wie Sie Menschen entlarven, die Ihnen schaden wollen

288 Seiten | Klappenbroschur
€ 16,99 [D] | € 17,50 [A] | CHF 22,90*
ISBN 978-3-424-20118-5

2 CDs | Digipack
€ 16,99 [D] | € 19,10 [A] | CHF 24,50*
ISBN 978-3-424-20133-8

Tamer Bakiner gehört zu den führenden Wirtschaftsermittlern und Sicherheitsexperten in Deutschland. In seinem Buch erzählt er von seinen spektakulärsten Fällen. Er zeigt, wann wir hellhörig werden sollten und mit welchen Tricks Leute arbeiten, die uns nicht wohlgesonnen sind. Wer gelernt hat, die Welt durch die Augen eines Ermittlers zu sehen, weiß, wem er vertrauen kann. Und kann sich wehren!

452/89014 · Preis- und Coveränderungen vorbehalten
* empf. VK-Preis · Stand: August 2015
© Verlagsgruppe Random House GmbH, München 2015

Immer wieder kommen Leute wie Grübel in meine Arztpraxis. Sie glauben, sie hätten Anspruch auf ihren ›Käse‹. Wird er ihnen weggenommen, fühlen sie sich als Opfer und machen andere dafür verantwortlich. Sie erkranken öfter als Menschen, die Vergangenes hinter sich lassen und sich Neuem zuwenden.«

Dann sagte Nathan so leise, als spräche er zu sich selbst: »Ich schätze, die Frage ist: ›Was müssen wir zurücklassen und wohin müssen wir uns bewegen?‹«

Eine Weile sagte niemand etwas.

»Ich muss zugeben«, fuhr Nathan fort, »dass ich mitbekam, was in anderen Teilen des Landes vor sich ging, aber ich hoffte, es würde sich nicht auf uns auswirken. Vermutlich ist es viel besser, man führt Veränderungen selbst herbei, solange man die Möglichkeit dazu hat, und versucht nicht nur, auf sie zu reagieren und sich nachträglich anzupassen. Vielleicht sollten wir unseren Käse selbst bewegen.«

»Wie meinst du das?«, wollte Frank wissen.

Nathan antwortete: »Mir drängt sich einfach die Frage auf, wo wir heute stehen würden, wenn wir damals die Grundstücke verkauft hätten, auf denen unsere alten Läden standen, und ein wirklich großes, modernes Geschäft gebaut hätten, das mit den Besten hätte mithalten können.«

»Vielleicht«, vermutete Laura, »hat Knobel genau das gemeint, als er an die Wand schrieb:

Die Mäuse-Strategie

›Koste das Abenteuer aus und geh dahin, wo der Käse ist.‹«

»Manche Dinge, denke ich, sollten sich nicht ändern«, fand Frank. »Ich möchte zum Beispiel an meinen Grundwerten festhalten. Aber ich merke jetzt, dass ich besser dran wäre, wenn ich viel früher in meinem Leben dahin gegangen wäre, wo der ›Käse‹ lag.«

»Na ja, Michael, die Story war ja ganz nett«, sagte Richard, der Skeptiker der Klasse. »Aber wie hast du sie denn nun in deiner Firma tatsächlich umgesetzt?«

Die anderen wussten noch nicht, dass auch Richard gerade mit einigen Veränderungen konfrontiert worden war. Vor Kurzem hatte er sich von seiner Frau getrennt, und nun versuchte er, seinen Beruf und die Erziehung seiner halbwüchsigen Kinder miteinander in Einklang zu bringen.

Michael antwortete: »Wisst ihr, ich hatte gedacht, meine Aufgabe bestünde nur darin, die Alltagsprobleme zu lösen, die sich so ergeben. Dabei hätte ich vorausblicken und aufpassen müssen, wohin wir steuerten.

Und, meine Güte, was habe ich diese Alltagsprobleme gelöst – 24 Stunden am Tag. Mit mir war nicht gut Kirschen essen. Ich war in einer Tretmühle, aus der ich nicht herauskam.«

»Aber nachdem ich zum ersten Mal *Die Mäuse-Strategie* gehört hatte und sah, wie sich Knobel veränderte«, fuhr Michael fort, »erkannte ich, dass meine wirkliche Aufgabe darin bestand, mir den ›neuen Käse‹ auszumalen. Und dieses Bild vom Käse musste so deutlich und wirklichkeitsgetreu sein, dass ich und meine Mitarbeiter gemeinsam Veränderungen annehmen und Erfolg haben konnten.«

»Das ist interessant«, sagte Angela. »Denn für mich war die Geschichte da am stärksten, wo Knobel seine Furcht hinter sich ließ und sich in Gedanken ausmalte, wie er ›neuen Käse‹ findet. An diesem Punkt wurde der Weg durchs Labyrinth plötzlich weniger Furcht einflößend, und Knobel konnte die Suche mehr genießen. Und am Schluss war er besser dran als vorher.«

Richard, der stirnrunzelnd dagesessen hatte, während die anderen diskutierten, sagte: »Unsere Geschäftsleiterin betet mir immer vor, unser Unternehmen müsse sich verändern. Ich glaube, in Wirklichkeit will sie mir damit sagen, dass *ich* mich verändern muss, aber ich wollte das nicht hören. Ich glaube, ich wusste nie recht, worin der ›neue Käse‹ besteht, den sie sich vorstellt. Oder was ich von diesem Käse haben könnte.«

Richard lächelte. »Ich muss zugeben, mir gefällt die Idee, dass man den ›neuen Käse‹ vor sich sehen und sich vorstellen kann, wie er einem schmeckt. Dadurch wird die Angst geringer, und man bekommt mehr Lust, Veränderungen wirklich durchzusetzen.«

»Vielleicht«, fügte er hinzu, »könnte ich diese Methode auch zu Hause anwenden. Meine Kinder scheinen zu denken, in ihrem Leben dürfe sich niemals irgendetwas ändern. Schon der Gedanke daran macht sie wütend. Ich glaube, sie haben Angst vor dem, was die Zukunft bringt. Vielleicht habe ich ihnen kein realistisches Bild vom ›neuen Käse‹ gezeichnet. Wahrscheinlich, weil ich ihn nicht einmal selbst vor mir sehe.«

Es wurde still, als mancher in der Runde an sein eigenes Familienleben dachte.

»Nun, die meisten von euch reden über ihre Arbeit«, sagte Elaine, »aber als ich die Geschichte hörte, dachte ich an mein Privatleben. Ich glaube, meine jetzige Beziehung ist ein ›alter Käse‹, auf dem schon ganz schön der Schimmel blüht.«

Cory lachte zustimmend. »Bei mir ist es das Gleiche. Wahrscheinlich müsste ich eine Beziehung aufgeben, die nicht mehr richtig läuft.«

»Oder«, setzte Angela dagegen, »vielleicht ist der ›alte Käse‹ nur unser altes Verhalten. Und was wir wirklich aufgeben müssen, sind die Verhaltensweisen, die dazu führen, dass unsere Beziehungen unbefriedigend sind. Und dann müssen wir zu besseren Denk- und Handlungsweisen finden.«

»Ja!«, meinte Cory. »Gutes Argument. Der neue Käse ist eine neue Beziehung mit derselben Person.«

Veränderungen erfolgreich begegnen

Richard sagte: »Langsam glaube ich, dass an der Geschichte mehr dran ist, als ich zunächst dachte. Mir gefällt die Vorstellung, dass man statt einer Beziehung lieber seine alten Verhaltensweisen aufgeben sollte. Wenn man die alten Verhaltensmuster wiederholt, kommt immer wieder das Gleiche dabei heraus.

Vielleicht sollte ich auch nicht meine Stelle wechseln, sondern einer von den Leuten sein, die dazu beitragen, dass sich meine Firma verändert. Wenn ich das getan hätte, säße ich inzwischen wahrscheinlich schon in einer besseren Position.«

Dann sagte Becky, die in einer anderen Stadt lebte, aber zum Highschool-Treffen angereist war: »Als ich die Geschichte und eure Kommentare dazu hörte, musste ich über mich selbst lachen. Ich verhalte mich schon so lange wie Grübel, ich grüble und knoble und fürchte mich vor Veränderungen. Mir war gar nicht bewusst, wie vielen Leuten es genauso geht. Ich fürchte, ich habe auch meinen Kindern beigebracht, sich so zu verhalten, ohne dass mir das überhaupt bewusst war.

Wenn ich so darüber nachdenke, wird mir klar, dass Veränderungen einen wirklich an einen neuen und schöneren Ort führen können, auch wenn man momentan befürchtet, das Gegenteil könnte der Fall sein.

Ich muss da an die Zeit zurückdenken, als mein Sohn im zweiten Jahr an der Highschool

Die Mäuse-Strategie

war. Da mein Mann die Stelle wechselte, mussten wir von Illinois nach Vermont umziehen, und unser Sohn war völlig durch den Wind, weil er sich von seinen Freunden trennen musste. Er war ein ausgezeichneter Schwimmer, und die Highschool in Vermont hatte keine Schwimm-Mannschaft. So war er wütend auf uns, weil wir ihn zwangen umzuziehen.

Doch wie sich herausstellte, liebte er die Berge von Vermont bald heiß und innig. Er begann Ski zu fahren, trat der Ski-Mannschaft in seinem College bei, und heute lebt er glücklich und zufrieden in Colorado.

Hätten wir uns damals bei einer Tasse heißer Schokolade gemeinsam genüsslich die Geschichte vom Käse angehört, wäre unserer Familie wahrscheinlich eine Menge Stress erspart geblieben.«

»Wenn ich heimkomme, werde ich meiner Familie die Geschichte erzählen«, sagte Jessica. »Ich werde meine Kinder fragen, wer ich in ihren Augen wohl bin – Schnüffel, Wusel, Grübel oder Knobel – und wer sie ihrer Meinung nach selbst sind. Wir könnten uns darüber unterhalten, was in unserer Familie wohl alter Käse ist und wie der neue Käse aussehen könnte.«

»Gute Idee«, fand Richard.

Dann meinte Frank: »Ich glaube, ich werde in Zukunft Knobel ähnlicher werden, dahin gehen, wo der Käse ist, und es auskosten! Und ich werde diese Geschichte meinen Freunden erzählen, die sich Sorgen machen, was wird, falls sie aus dem Militär ausscheiden. Daraus könnten sich interessante Diskussionen ergeben.«

»Also, genau auf diese Weise haben wir unsere Firma verbessert«, berichtete Michael. »Wir diskutierten mehrfach darüber, welche Erkenntnisse uns die Geschichte vom Käse gebracht hat und wie wir sie auf unsere eigene Lage anwenden könnten.

Das war toll, weil uns die Geschichte als eine Art gemeinsame Sprache diente, die wir gern benutzten, wenn wir uns über die Art und Weise unterhielten, in der wir mit Veränderungen umgehen. Es war ein sehr effektiver Prozess, besonders als er in der Firma immer mehr um sich griff.«

»Wie ging das vor sich?«, fragte Nathan.

»Nun, je tiefer wir in unsere Organisation hineinstocherten, desto mehr Mitarbeiter fanden wir, die das Gefühl hatten, nicht mehr so viel Power zu haben. Stattdessen hatten sie, verständlicherweise, mehr Angst vor den möglichen Auswirkungen der Veränderungen, die ihnen von oben aufgezwungen wurden. Daher stemmten sie sich gegen diese Veränderungen.

Mit anderen Worten: Wem man Veränderungen aufdrückt, der drückt sich davor.«

»Ich wünschte nur«, fügte Michael hinzu, »dass ich die Geschichte vom Käse schon früher gehört hätte.«

Die Mäuse-Strategie

»Wieso?«, fragte Carlos.

»Bis wir uns endlich dazu aufgerafft hatten, die Veränderungen anzugehen, war unser Unternehmen schon so weit zurückgefallen, dass wir Leute entlassen mussten, darunter auch mehrere gute Freunde. Es war hart für uns alle. Und doch: Praktisch jeder – die Leute, die gingen, und diejenigen, die blieben – sagte, die Geschichte vom Käse hätte ihm geholfen, die Dinge anders zu betrachten und besser zurechtzukommen.

Die Leute, die sich draußen auf dem Arbeitsmarkt nach neuen Stellen umsehen mussten, erzählten, sie hätten es zwar anfangs schwer gehabt, doch es half ihnen sehr, sich die Geschichte ins Gedächtnis zu rufen.«

»Was half ihnen denn am meisten?«, fragte Angela.

Michael antwortete: »Nachdem sie ihre Angst überwunden hatten, so berichteten sie mir, war das Beste die Erkenntnis, dass es da draußen neuen Käse gab und sie ihn nur finden mussten!

Sie sagten, dass sie sich besser fühlten, wenn sie ein Bild des neuen Käses vor Augen hatten und deshalb in Einstellungsgesprächen eine bessere Figur machten. Einige bekamen sogar bessere Jobs, als sie vorher gehabt hatten.«

»Und was war mit den Leuten, die in deiner Firma blieben?«, fragte Laura.

Veränderungen erfolgreich begegnen

»Nun«, antwortete Michael, »statt sich über die Veränderungen zu beschweren, sagten die Leute jetzt: ›Sie haben uns bloß unseren Käse weggenommen. Schau'n wir mal, wo der neue Käse liegt.‹ Das sparte eine Menge Zeit, und der Stress wurde weniger.

Es dauerte nicht lange, und die Leute, die sich zuvor gesperrt hatten, sahen ein, dass es Vorteile bringt, sich zu ändern. Sie trugen sogar selbst zu Veränderungen bei.«

»Warum, glaubst du, war das so?«, fragte Cory.

»Ich denke, es hat viel mit dem Erwartungsdruck zu tun, den gleichrangige Mitarbeiter in einem Unternehmen oft aufeinander ausüben.

Was passiert denn in den meisten Unternehmen, wenn die Firmenleitung eine Veränderung ankündigt? Sagt die Mehrheit der Mitarbeiter, dass die Veränderung eine gute oder eine schlechte Idee sei?«

»Eine schlechte«, antwortete Frank.

»Genau«, stimmte Michael zu. »Und warum?«

Carlos sagte: »Weil die Leute sich wünschen, alles möge beim Alten bleiben, und sie glauben, Veränderungen würden ihnen schaden. Wenn aber ein cleverer Kollege sagt, die Veränderung sei eine gute Idee, dann sagen andere das auf einmal auch.«

»Stimmt. Sie mögen vielleicht gar nicht wirklich dieser Meinung sein«, sagte Michael, »aber sie stimmen zu, weil sie ebenfalls für clever gehalten werden wollen. Das ist die Art von Erwartungsdruck unter Kollegen, die in jedem Unternehmen Veränderungen fördert.«

»Das Gleiche kann sich in einer Familie zwischen Kindern und Eltern abspielen«, ergänzte Becky und fragte dann: »In welcher Weise lief es also anders bei euch, nachdem die Leute die Geschichte vom Käse gehört hatten?«

Michael sagte einfach: »Sie veränderten sich, weil niemand wie Grübel dastehen wollte!«

Alle lachten, einschließlich Nathan, der meinte: »Das hat was für sich. In meiner Familie würde auch keiner Grübel gleichen wollen. Vielleicht werden sie sich sogar ändern. Warum hast du uns diese Geschichte nicht schon beim letzten Treffen erzählt? Der Trick könnte wirklich funktionieren.«

Michael wies noch auf einen letzten Gesichtspunkt hin. »Als wir sahen, wie gut es bei uns lief, gaben wir die Geschichte an die Leute weiter, mit denen wir Geschäfte machen wollten – schließlich wussten wir, dass ihre Unternehmen sich auch mit Veränderungen auseinandersetzen müssen. Wir stellten ihnen in Aussicht, dass wir ihr ›neuer Käse‹ sein könnten – das heißt bessere Partner, mit denen sie erfolgreich zusammenarbeiten können. So bekamen wir neue Aufträge.«

Das brachte Jessica auf eine ganze Reihe von Ideen, und ihr fiel ein, dass sie früh am nächsten Morgen verschiedene geschäftliche Telefonate zu erledigen hatte. Sie sah auf die Uhr und meinte: »Tja, für mich wird's Zeit, mich aus diesem Käselager zu verabschieden und neuen Käse zu finden.«

Die anderen lachten und begannen, sich voneinander zu verabschieden. Viele hätten die Unterhaltung noch gerne weitergeführt, aber sie mussten fort. Bevor sie gingen, bedankten sie sich noch einmal bei Michael.

Er sagte: »Ich bin sehr froh, dass ihr die Geschichte so nützlich gefunden habt, und ich hoffe, dass ihr bald Gelegenheit finden werdet, sie anderen weiterzuerzählen.«

Zum Autor

Spencer Johnson ist ein internationaler Bestsellerautor, dessen Bücher Millionen von Menschen helfen, einfache Wahrheiten zu entdecken, die sie nutzen können, um gesünder, erfolgreicher und stressfreier zu leben.

Von ihm stammt die Idee zu *Der Minuten-Manager*, dem Nummer-eins-Bestseller der Liste der *New York Times*, den Spencer Johnson zusammen mit dem erfolgreichen und bekannten Unternehmensberater Kenneth Blanchard, Ph.D., verfasste. Das Buch erscheint weiterhin in den Business-Bestsellerlisten und hat sich zu einer der populärsten Managementmethoden der Welt entwickelt.

Dr. Johnson hat zahlreiche Bestseller geschrieben, darunter fünf weitere Bände der *One-Minute*-Serie – *The One Minute $ales Person, The One Minute Mother, The One Minute Father, One Minute For Yourself* und *The One Minute Teacher, Yes or No*, die beliebten Kinderbücher *Value Tales*™ und den »Geschenke-Klassiker« *The Precious Present*.

In deutsch erschienen: *Der Minuten-Manager, Das Minuten-Verkaufstalent, Eine Minute für mich, Ja oder nein. Der Weg zur besten Entscheidung*.

Dr. Johnson promovierte am Royal College of Surgeons und war an der Harvard Medical School und der Mayo Clinic als Mediziner tätig. Er war unter anderem Medizinischer Direktor für Kommunikation bei Medtronic, den Erfindern des Herzschrittmachers, Forschungsarzt am Institute for Inter-Disciplinary Studies sowie Berater für das Center for the Study of the Person und die School of Medicine der University of California.

Häufig wurde bereits in den Medien über seine Bücher berichtet, unter anderem bei *CNN*, in der *Today Show*, bei *Larry King Live*, im *Time Magazine*, in *USA Today*, im *Wall Street Journal* und bei *United Press International*.

Spencer Johnsons Bücher sind in über 11 Millionen Exemplaren und in 26 Sprachen erschienen.

Stimmen zum Buch

»Wie alle Bücher von Dr. Johnson, so steckt auch *Die Mäuse-Strategie* voll einfacher, leicht verdaulicher Lebensweisheiten. Wir setzen die Metapher vom Käse in unserer Universitätsausbildung ein. Und auch zu Hause haben wir Spaß dabei, uns gegenseitig aufzufordern, dahin zu gehen, wo der Käse ist!«
Kathy Cleveland Bull, Ausbildungsleiterin
OHIO STATE UNIVERSITY

»*Die Mäuse-Strategie* hat mein Leben verändert. Das Buch hat im wahrsten Sinn des Wortes meine Karriere gerettet und mir Erfolg auf neuen Gebieten gebracht, von denen ich zuvor nur hatte träumen können.«
Charlie Jones, Sportberichterstatter,
Mitglied der Hall of Fame
NBC TELEVISION

»Ich hatte gerade von dem überraschenden Beschluss unseres Vorstands erfahren, die Firma zu verkaufen. Da ich keine Garantie hatte, weiterbeschäftigt zu werden, war ich niedergeschlagen und versank in tiefem Selbstmitleid. Dann las ich *Die Mäuse-Strategie,* und die Aussage der Geschichte traf mich wie ein Blitz! Bald war ich nicht mehr wütend über die Ungerechtigkeit der Lage, in der ich mich befand, sondern voller Zuversicht und begierig darauf, meinen neuen Käse zu finden.«

Michael Carlson, Präsident
EDISON PLASTICS

»Nach der Lektüre dieser klassischen Parabel werden Mitarbeiter in Unternehmen und öffentlichen Einrichtungen über *Die Mäuse-Strategie,* über das Labyrinth und über Grübel und Knobel diskutieren. Aus Dr. Johnsons ansprechenden Bildern und Worten können wir eine durch und durch solide und einprägsame Methode für den sinnvollen Umgang mit Veränderungen entwickeln.«

Albert J. Simone, Präsident
ROCHESTER INSTITUTE OF TECHNOLOGY

»Ich gebe dieses Buch meinen Kollegen und Freunden, weil die Geschichte und die einzigartigen Erkenntnisse von Spencer Johnson es zu einem der seltenen Werke machen, die jeder,

Veränderungen erfolgreich begegnen

der gut durch diese unruhigen Zeiten kommen will, rasch lesen und verstehen kann.«

Randy Harris, ehemaliger Vizepräsident
MERRILL LYNCH INTERNATIONAL

»Jeder von uns ist schon einmal hochgeschreckt und musste feststellen, dass sein ›Käse‹ weg war. Dieses wunderbare Buch wird ein wertvolles Hilfsmittel für alle Menschen oder Gruppen sein, die seine Lektionen anwenden, um die Notwendigkeit von Veränderungen zu erkennen und sie erfolgreich in den Griff zu bekommen.«

John A. Lopiano, Leitender Vizepräsident
XEROX DOCUMENT COMPANY

»*Die Mäuse-Strategie* wird in unserer gesamten Ausbildung eingesetzt werden, weil uns das Buch eine sprachliche Basis liefert, auf der wir ungezwungen über Risiko und Veränderung diskutieren können. Die Botschaft ist klar und die Charaktere, die in dem Buch beschrieben werden, sind in allen Branchen zu finden.«

Sally Grumbles
BELLSOUTH

Die Mäuse-Strategie

wurde zwei Jahrzehnte nach ihrer Entstehung als Buch veröffentlicht. Dank einer rasch einsetzenden Mundpropaganda begann eine außergewöhnliche Erfolgsgeschichte: *Die Mäuse-Strategie* stieg zum internationalen Bestseller auf, dessen Verkaufszahlen äußerst beeindruckend sind: 1 Million verkaufte Exemplare bereits innerhalb der ersten 16 Monate, 10 Millionen in den nächsten beiden Jahren – und im Jahr 2005 waren es über 21 Millionen Exemplare. Der größte Internetbuchhändler Amazon.com erklärte den Weltbestseller *Die Mäuse-Strategie* an seinem zehnjährigen Jubiläum zum erfolgreichsten Buch seit der Firmengründung.

Die Mäuse-Strategie

wird von Männern und Frauen in großen und kleinen Unternehmen und Institutionen verwendet, um mit den Veränderungen im Leben besser zurechtkommen zu können. Zu diesen Unternehmen und Institutionen gehören:

ABBOTT LABS
BAUSCH & LOMB
BELL SOUTH
BRISTOL MYERS SQUIBB
CITIBANK
CHASE MANHATTAN
EASTMAN KODAK
EXXON
GEORGIA PACIFIC
GENERAL MOTORS
GOODYEAR
GREYHOUND
LUCENT TECHNOLOGIES
MARRIOTT
MEAD JOHNSON
MOBIL
OCEANEERING
OHIO STATE UNIVERSITY

STATE FARM
TEXTRON
TEXACO
WHIRLPOOL
XEROX
KIRCHEN UND KRANKENHÄUSER
REGIERUNGSBEHÖRDEN
DER VEREINIGTEN STAATEN

Notizen

Die Mäuse-Strategie

Veränderungen erfolgreich begegnen

Die Mäuse-Strategie

Veränderungen erfolgreich begegnen

Die Mäuse-Strategie

Veränderungen erfolgreich begegnen

Die Mäuse-Strategie

DER TOPSELLER FÜR UNTERWEGS

SPENCER JOHNSON | **DIE MÄUSE-STRATEGIE FÜR MANAGER**
Veränderungen erfolgreich begegnen
1 CD, ISBN 978-3-424-20009-6

Diese einmalige Lektüre hat mit weltweit über 25 Millionen verkauften Exemplaren das Leben unzähliger Menschen verändert. Pointiert und unterhaltsam führt der Bestseller-Autor Spencer Johnson vor Augen, dass die Dinge nicht immer so bleiben, wie sie sind. Wie man erfolgreich mit Veränderungen umgeht und als Sieger aus scheinbar ausweglosen Situationen hervorgeht, demonstriert seine einzigartige Parabel von Menschen und Mäusen – ein besonderes Hörvergnügen, gesprochen von Heikko Deutschmann.

ELEMENTARE LEBENSLEKTIONEN – UNTERHALTSAM UND EINPRÄGSAM

SPENCER JOHNSON | **Höhen und Tiefen**
Wie Sie gute und schwere Zeiten meistern – im Job wie im Leben
128 Seiten, gebunden mit Schutzumschlag, ISBN 978-3-424-20020-1

Wer zum Gipfel will, muss auch Täler durchschreiten können – diese ebenso einfache wie weise Lektion lernen wir aus Spencer Johnsons inspirierender Parabel über die Höhen und Tiefen des Lebens: Ein weiser alter Mann lehrt einen jungen Mann, wie er aus dem Tal seines Lebens herauskommt, um für die Höhen und Erfolge bereit zu sein. Denn nur wenn wir erkennen, dass Rückschläge und Krisen zum Leben gehören und unsere Chance gerade darin besteht, an ihnen zu wachsen, werden wir gestärkt aus ihnen hervorgehen, um glücklich und erfolgreich zu sein.

BESCHENKEN SIE SICH SELBST!

SPENCER JOHNSON | **Das Geschenk**
Wie Sie von heute an glücklicher und erfolgreicher sind
112 Seiten, gebunden mit Schutzumschlag, ISBN 978 3 7205 2519 0

In seinem Buch *Das Geschenk* erzählt Spencer Johnson die anrührende Geschichte eines jungen Mannes, der durch den Rat eines weisen alten Mannes zu innerem Gleichgewicht, Glück und beruflichem Erfolg findet. Dieses Geschenk ist das schönste und wichtigste, das Sie sich machen können. Denn mit *Das Geschenk* werden Sie von heute an glücklicher und erfolgreicher!